俄罗斯数学精品译丛

"十二五"国家重点图书

函数构造论（中）

Construction Theory of Function (II)

● 〔俄罗斯〕纳汤松 著

● 徐家福 译

HITP

哈尔滨工业大学出版社

HARBIN INSTITUTE OF TECHNOLOGY PRESS

内 容 简 介

本书共分 8 章,主要介绍平方逼近的相关内容,包括:$L_p^2{}_{(x)}$ 空间,直交系,直交多项式等知识,详细讨论了勒让德多项式及雅可比行列式,并分类讨论了有限区间及无限区间的矩量问题.

本书可供数学专业学生及高等数学研究人员阅读参考.

图书在版编目(CIP)数据

函数构造论. 中/(俄罗斯)纳汤松著;徐家福译. —哈尔滨:
哈尔滨工业大学出版社,2017.6
ISBN 978 - 7 - 5603 - 6753 - 8

Ⅰ.①函… Ⅱ.①纳…②徐… Ⅲ.①函数构造论
Ⅳ.①O174.4

中国版本图书馆 CIP 数据核字(2017)第 158166 号

策划编辑　刘培杰　张永芹
责任编辑　刘春雷
封面设计　孙茵艾
出版发行　哈尔滨工业大学出版社
社　　址　哈尔滨市南岗区复华四道街 10 号　邮编 150006
传　　真　0451 - 86414749
网　　址　http://hitpress.hit.edu.cn
印　　刷　哈尔滨市工大节能印刷厂
开　　本　787mm×1092mm　1/16　印张 11.25　字数 202 千字
版　　次　2017 年 6 月第 1 版　2017 年 6 月第 1 次印刷
书　　号　ISBN 978 - 7 - 5603 - 6753 - 8
定　　价　48.00 元

第二篇　平方逼近

第二篇
平方逼近

第二篇

平方运算

$L^2_{p(x)}$ 空间

§1 问题的提出

在本书的第二篇,和在前一篇一样,我们主要是致力于研究用多项式来逼近任意函数的问题. 但是,用多项式 $P(x)$ 逼近函数 $f(x)$ 的精确度,我们将采用与前面不同的估值.

那就是,设 $f(x)$ 是定义在闭区间 $[a,b]$ 上的连续函数,$P(x)$ 是一个多项式,如果量

$$\max_{a \leqslant x \leqslant b} | P(x) - f(x) | \qquad (1)$$

是很小的话,在以前我们便认为多项式 $P(x)$ 接近于函数 $f(x)$;而现在如果积分①

$$\int_a^b [P(x) - f(x)]^2 \mathrm{d}x \qquad (2)$$

很小,我们便说多项式 $P(x)$ 接近于函数 $f(x)$.

应当指出,用表达式(1)来估计逼近的精确度时,对函数 $f(x)$ 的连续性这一要求是极为重要的. 因为,如果在这种估计方法下要使用多项式逼近函数达到任意的精确度,那么,$f(x)$ 便是一致收敛的多项式序列的极限,而这只有在 $f(x)$ 连续的时候才可能.

---

① 通常我们所采用的 $P(x)$ 接近于 $f(x)$ 的估值,是借助于较式(2)的形式更广泛的积分,但是在目前,为了不使问题复杂,我们根据书中所指出的标准来谈.

在用积分(2)估计逼近时,问题便不是这样.例如,设函数 $f(x)$ 是按下法定义在 $[-1,1]$ 上的

$$f(x) = \begin{cases} 0, & \text{当} -1 \leqslant x \leqslant 0 \text{ 时} \\ 1, & \text{当} 0 < x \leqslant 1 \text{ 时} \end{cases}$$

虽然函数 $f(x)$ 是间断的,但却存在这样的多项式 $P(x)$,对于它来说,积分

$$\int_{-1}^{1} [P(x) - f(x)]^2 \mathrm{d}x$$

可以任意地小.

事实上,我们引进函数 $\varphi(x)$,令

$$\varphi(x) = \begin{cases} 0, & \text{当} -1 \leqslant x \leqslant 0 \text{ 时} \\ 1, & \text{当} \dfrac{1}{n} \leqslant x \leqslant 1 \text{ 时} \end{cases}$$

并且在闭区间 $\left[0, \dfrac{1}{n}\right]$ 上把 $\varphi(x)$ 当作是线性的.容易看出 $\varphi(x)$ 在 $[-1,1]$ 上是连续的,并且

$$\int_{-1}^{1} [\varphi(x) - f(x)]^2 \mathrm{d}x = \int_{0}^{1} [\varphi(x) - f(x)]^2 \mathrm{d}x < \frac{1}{n}$$

因为 $|\varphi(x) - f(x)| \leqslant 1$.根据魏尔斯特拉斯定理,可以选取这样的多项式 $P(x)$,使得对于 $[-1,1]$ 中的所有 x,都有

$$|P(x) - \varphi(x)| < \frac{1}{\sqrt{2n}}$$

对于这个多项式,显然

$$\int_{-1}^{1} [P(x) - \varphi(x)]^2 \mathrm{d}x < \frac{1}{n}$$

因为

$$(a+b)^2 \leqslant 2(a^2 + b^2)$$

所以

$$[P(x) - f(x)]^2 \leqslant 2\{[P(x) - \varphi(x)]^2 + [\varphi(x) - f(x)]^2\}$$

故有

$$\int_{-1}^{1} [P(x) - f(x)]^2 \mathrm{d}x < \frac{4}{n}$$

因为 n 可以取得任意地大,从而便推出了我们的断言.

这样一来,在我们的新观点下,被逼近函数的连续性这一要求便是多余的

了. 我们不提出连续性这个要求, 而在讨论中也引进间断的函数. 但是, 这些函数并不能是完全任意的, 因为我们必须保证积分(2)的存在. 如果我们以黎曼的积分定义为基础, 那么, 我们便只能研究间断点集的测度等于零的不连续函数. 但是并非所述理论在本质上一定要引出这种要求, 而不过是由于采用通常的积分定义才引起的. 要想使说明具有更严谨与更完美的形式, 我们不以黎曼(Riemann)积分为基础而以勒贝格(Lebesgue)积分为基础. 这就要求读者熟悉实变函数论的基本内容. 此后, 这些内容都假定是已经知道了的.

§2 权函数与 $L_{p(x)}^2$ 空间

设在闭区间 $[a,b]$ 上给定了一个非负的且可求和的函数 $p(x)$. 由于这函数在以后将要起特殊的作用, 我们便把它叫作权函数, 或简称为权. 我们永远约定只考虑这样的权 $p(x)$, 它只在一个测度等于 0 的集合上才等于 0. 以后我们便不再提到这个约定.

每一个权函数 $p(x)$ 都对应有两类定义在 $[a,b]$ 上的可测函数: 乘积 $p(x)f(x)$ 可求和的 $L_{p(x)}$ 类, 以及乘积 $p(x)f^2(x)$ 可求和的 $L_{p(x)}^2$ 类. 在 $p(x)=1$ 时, 我们便把这两个函数类简单地记作 L 和 L^2. 有时候我们要求在这些函数类的记号中能表示出所有被考虑的函数定义在什么区间上. 这时, 我们便分别用 $L_{p(x)}([a,b])$, $L_{p(x)}^2([a,b])$, $L([a,b])$ 和 $L^2([a,b])$ 来表示它们.

由不等式

$$| f(x) | \leqslant \frac{1+f^2(x)}{2}$$

便推得 $L_{p(x)}^2$ 包含在 $L_{p(x)}$ 内.

仿此, 不等式

$$| f(x)g(x) | \leqslant \frac{f^2(x)+g^2(x)}{2}$$

表明 $L_{p(x)}^2$ 中两个函数的乘积包含在 $L_{p(x)}$ 内, 借助于恒等式

$$(f \pm g)^2 = f^2 \pm 2fg + g^2$$

从而也知道 $L_{p(x)}^2$ 中两个函数的和或差也都在这一类内. 最后, 重要的是: 所有的函数 $cf(x)$ 与 $f(x)$ 一起都在 $L_{p(x)}^2$ 内, 其中的 c 是常数.

定理 1.1 设 $f(x)$ 和 $g(x)$ 是 $L_{p(x)}^2$ 内的两个函数, 则不等式

$$\left[\int_a^b p(x)f(x)g(x)\mathrm{d}x\right]^2$$

$$\leqslant \left[\int_a^b p(x)f^2(x)\mathrm{d}x\right]\left[\int_a^b p(x)g^2(x)\mathrm{d}x\right] \tag{3}$$

与不等式

$$\sqrt{\int_a^b p(x)[f(x)+g(x)]^2\mathrm{d}x}$$

$$\leqslant \sqrt{\int_a^b p(x)f^2(x)\mathrm{d}x} + \sqrt{\int_a^b p(x)g^2(x)\mathrm{d}x} \tag{4}$$

都成立. 它们分别称为布尼亚柯夫斯基(Буняковский)不等式与柯西(Cauchy)不等式.

要证明不等式(3)我们令

$$\psi(z) = \int_a^b p(x)[zf(x)+g(x)]^2\mathrm{d}x = Az^2 + 2Bz + C$$

其中

$$A = \int_a^b p(x)f^2(x)\mathrm{d}x$$

$$B = \int_a^b p(x)f(x)g(x)\mathrm{d}x$$

$$C = \int_a^b p(x)g^2(x)\mathrm{d}x$$

若 $A=0$, 则 $f(x)=0$(像通常在度量函数论中一样, 我们对于只在零测度集合上不相等的函数是不加区别的), 而不等式(3)就化为等式 $0=0$; 若 $A>0$, 则式(3)可根据 $\psi(z) \geqslant 0$ 和

$$\psi\left(-\frac{B}{A}\right) = \frac{AC-B^2}{A}$$

推出.

于是, 式(3)便被证明了. 把式(3)写成

$$\int_a^b pfg\,\mathrm{d}x \leqslant \sqrt{\int_a^b pf^2\,\mathrm{d}x}\sqrt{\int_a^b pg^2\,\mathrm{d}x}$$

的形式后, 二倍起来, 在不等式两端都加上

$$\int_a^b pf^2\,\mathrm{d}x + \int_a^b pg^2\,\mathrm{d}x$$

我们便得到与式(4)等价的不等式

$$\int_a^b p(f+g)^2 \mathrm{d}x \leqslant \left[\sqrt{\int_a^b pf^2 \mathrm{d}x} + \sqrt{\int_a^b pg^2 \mathrm{d}x}\right]^2$$

对于 $L^2_{p(x)}$ 中的每一个函数 $f(x)$,我们都赋予一个数

$$\|f\| = \sqrt{\int_a^b p(x)f^2(x)\mathrm{d}x}$$

这个量便叫作函数 $f(x)$ 的范数,它具有下列类似于数的模的性质:

(1) $\|f\| \geqslant 0$,并且当且仅当 $f(x) = 0$ 时,才有 $\|f\| = 0$;

(2) $\|cf\| = |c| \cdot \|f\|$,特别的,$\|-f\| = \|f\|$;

(3) $\|f+g\| \leqslant \|f\| + \|g\|$.

范数的概念使得能够引用便利的几何术语.

设 E 是任意性质的元素 $x, y, z, \cdots$ 的集合. 如果对应于集合 E 中的每一对元素 x 和 y,都有一个具有下列性质的实数 $r(x, y)$:

(1) $r(x, y) \geqslant 0$,并且当且仅当 $x = y$ 时,$r(x, y) = 0$;

(2) $r(x, y) = r(y, x)$;

(3) $r(x, z) \leqslant r(x, y) + r(y, z)$.

那么,集合 E 便叫作距离空间,并称 $r(x, y)$ 为 x 与 y 之间的距离.

对于 $L^2_{p(x)}$ 中的任意两个函数 $f(x)$ 与 $g(x)$,令

$$r(f, g) = \|f - g\|$$

我们就把 $L^2_{p(x)}$ 变成了一个距离空间.

§3 平均收敛性

定义 1.1 设 f 与 $f_1, f_2, \cdots, f_n, \cdots$ 都是空间 $L^2_{p(x)}$ 中的元素,如果

$$\lim_{n \to \infty} \|f_n - f\| = 0$$

我们就称 f 为序列 $f_1, f_2, f_3, \cdots, f_n, \cdots$ 的极限.

虽然这样的关系在函数论上的意义是

$$\lim_{n \to \infty} \int_a^b p(x)[f_n(x) - f(x)]^2 \mathrm{d}x = 0$$

我们仍按通常的方式把它写成

$$\lim_{n \to \infty} f_n = f \text{ 或 } f_n \to f$$

这种类型的收敛性便叫作带权 $p(x)$ 的平均收敛性.

定理 1.2 $L^2_{p(x)}$ 中的元素序列不能有两个不同的极限.

事实上,如果 $f_n \to f$ 且 $f_n \to g$,则对不等式

$$0 \leqslant \|f - g\| \leqslant \|f - f_n\| + \|f_n - g\|$$

取极限,便得到关系 $\|f - g\| = 0$,从而 $f = g$.

定理 1.3 设函数列 $\{f_n(x)\}$ 平均收敛于函数 $f(x)$,则从其中可以选出一个几乎处处收敛于 $f(x)$ 的子序列 $\{f_{n_k}(x)\}$.

此定理的证明系根据函数论中的下述重要命题:

勒维(Levi)定理 设在 $[a,b]$ 上给定了一个非负的可测函数列

$$u_1(x), u_2(x), u_3(x), \cdots, u_k(x), \cdots$$

并设

$$\sum_{k=1}^{+\infty} \int_a^b u_k(x) \mathrm{d}x < +\infty$$

则在 $[a,b]$ 上几乎处处有

$$\lim_{n \to \infty} u_n(x) = 0$$

转来证明定理 1.3,选这样的 $n_1 < n_2 < n_3 < \cdots$,使得

$$\int_a^b p(x)[f_{n_k}(x) - f(x)]^2 \mathrm{d}x < \frac{1}{k!}$$

那么,根据勒维定理,在 $[a,b]$ 上几乎处处有

$$\lim_{k \to \infty} p(x)[f_{n_k}(x) - f(x)]^2 = 0$$

因为 $p(x)$ 几乎处处是严格正的. 于是定理便证明了.

定理 1.4 若 $f_n \to f$,则 $\|f_n\| \to \|f\|$.

因为

$$\|f\| \leqslant \|f_n\| + \|f - f_n\|, \|f_n\| \leqslant \|f\| + \|f_n - f\|$$

所以

$$|\|f_n\| - \|f\|| \leqslant \|f_n - f\|$$

证明的其余部分是显然的.

定义 1.2 设序列 $\{f_n\} \subset L^2_{p(x)}$. 若对应于每一个 $\varepsilon > 0$,都有这样一个 N,使得当 $n > N, m > N$ 时

$$\|f_n - f_m\| < \varepsilon \tag{5}$$

便称序列 $\{f_n\}$ 自我收敛.

定理 1.5 有极限的序列必为自我收敛.

事实上,若 $f_n \to f$,则对任意的 $\varepsilon > 0$,都能够求得这样的 N,使得当 $n >$ N 时

$$\| f_n - f \| < \frac{\varepsilon}{2}$$

若取 $n > N, m > N$,则有

$$\| f_n - f_m \| \leqslant \| f_n - f \| + \| f - f_m \| < \frac{\varepsilon}{2} + \frac{\varepsilon}{2} = \varepsilon$$

逆定理也成立:

定理 1.6(菲舍尔(E. Fischer))   若序列自我收敛,则它有极限.

这个定理所表示出的空间 $L^2_{p(x)}$ 的性质,称为空间 $L^2_{p(x)}$ 的完备性.

为证明计,我们选这样的 n_k,使得当 $n \geqslant n_k$ 且 $m \geqslant n_k$ 时

$$\| f_n - f_m \| < \frac{1}{k!}$$

同时可以认为 $n_1 < n_2 < n_3 < \cdots$. 那么,特别地有

$$\| f_{n_{k+1}} - f_{n_k} \| < \frac{1}{k!}$$

因而级数

$$\sum_{k=1}^{+\infty} \| f_{n_{k+1}} - f_{n_k} \|$$

收敛.

若对函数

$$f = | f_{n_{k+1}} - f_{n_k} | \text{ 和 } g = 1$$

应用不等式(3),则有

$$\int_a^b p(x) | f_{n_{k+1}}(x) - f_{n_k}(x) | \, \mathrm{d}x \leqslant \sqrt{\int_a^b p(x)\mathrm{d}x} \, \| f_{n_{k+1}} - f_{n_k} \|$$

因而,级数

$$\sum_{k=1}^{+\infty} \int_a^b p(x) | f_{n_{k+1}}(x) - f_{n_k}(x) | \, \mathrm{d}x$$

也收敛. 又根据所引的勒维定理,级数

$$\sum_{k=1}^{+\infty} p(x) | f_{n_{k+1}}(x) - f_{n_k}(x) |$$

几乎处处收敛,因而级数

$$f_{n_1}(x) + \sum_{k=1}^{+\infty} \{ f_{n_{k+1}}(x) - f_{n_k}(x) \}$$

亦然.

这后一级数的收敛性等价于存在有限的极限
$$\lim_{k \to \infty} f_{n_k}(x)$$

我们引进一个函数 $f(x)$，在上述极限存在且为有限时，它就等于这个极限，而在其余的点处等于 0.

兹证明这个函数属于 $L_{p(x)}^2$，并且它就是 $f_n(x)$ 的极限. 为此目的，取 $\varepsilon > 0$，我们求出这样的 N，使得当 $n > N, m > N$ 时式 (5) 成立. 然后固定 $n > N$. 对于充分大的 k 将有 $n_k > N$，因而
$$\| f_n - f_{n_k} \| < \varepsilon$$

我们要利用下面这个函数论中的定理：

法图(Fatou) 定理　设 $\varphi_1(x), \varphi_2(x), \cdots$ 为定义在 $[a, b]$ 上的非负可测函数列，它几乎处处收敛于函数 $\psi(x)$，并且若对所有 k 有
$$\int_a^b \varphi_k(x) \mathrm{d}x \leqslant A$$

则也有
$$\int_a^b \psi(x) \mathrm{d}x \leqslant A$$

在所述情形下，函数 $p(x)[f_n(x) - f_{n_k}(x)]^2$（$n$ 是固定的）就是 $\varphi_k(x)$. 函数 $p(x)[f_n(x) - f(x)]^2$ 是 $\psi(x)$，ε^2 是 A.

这就是说
$$\int_a^b p(x)[f_n(x) - f(x)]^2 \mathrm{d}x \leqslant \varepsilon^2 \tag{6}$$

从而便已经推得，差 $f_n(x) - f(x)$ 与函数 $f(x)$ 自己都属于 $L_{p(x)}^2$. 此外，因为要想不等式 (6) 成立，只需 $n > N$，于是定理得证.

除了平均收敛以外，我们还得涉及所谓"弱收敛性". 我们说序列 $\{f_n(x)\} \subset L_{p(x)}^2$ 是弱收敛于 $L_{p(x)}^2$ 中的函数 $f(x)$，如果对于任意的函数 $g(x) \in L_{p(x)}^2$
$$\lim_{n \to \infty} \int_a^b p(x) f_n(x) g(x) \mathrm{d}x = \int_a^b p(x) f(x) g(x) \mathrm{d}x$$

据布尼亚柯夫斯基不等式
$$\left| \int_a^b p f_n g \, \mathrm{d}x - \int_a^b p f g \, \mathrm{d}x \right| \leqslant \sqrt{\int_a^b p g^2 \, \mathrm{d}x} \sqrt{\int_a^b p (f_n - f)^2 \, \mathrm{d}x}$$

因而由某一序列的平均收敛性便推得了它的弱收敛性（都收敛于同一个极限函数）.

§4　在 $L^2_{p(x)}$ 内稠密的函数类

设 E 是一个距离空间,而 A 是它的某一个子集. 若 E 的每一个元素都能够表示成集合 A 中元素序列的极限,则说 A 是在 E 内处处稠密的集合. 显然,要想 A 在 E 内处处稠密,其充要条件便是:对任意的 $f \in E$ 和任意的 $\varepsilon > 0$,都存在这样一个元素 $g \in A$,使得

$$r(f, g) < \varepsilon$$

由于我们一开始便假定权函数 $p(x)$ 是可求和的,显然,在 $L^2_{p(x)}$ 中包含全部有界的可测函数. 其中更加是包含了全部的连续函数以及全部的阶梯函数①.

我们规定以下的记号:M 表所有的有界可测函数,C 表所有的连续函数,S 表所有的阶梯函数(自然,指的都是定义在所考虑的闭区间 $[a, b]$ 上的函数),P 表所有的多项式,T 表所有的三角多项式.

定理 1.7　函数类 M, C, S, P 中的每一个都是在 $L^2_{p(x)}$ 内处处稠密的. 如果基本区间 $[a, b]$ 的长度是 2π,则函数类 T 在 $L^2_{p(x)}$ 内也是处处稠密的.

证明　(1)设 $f(x) \in L^2_{p(x)}$. 取 $\varepsilon > 0$ 并选这样的 $\delta > 0$,使得包含在 $[a, b]$ 中的任一个测度 $me < \delta$ 的可测集 e 都满足不等式

$$\int_e p(x) f^2(x) \mathrm{d}x < \varepsilon^2$$

由于积分的绝对连续性,选取这样的 δ 是可能的.

因为函数 $f(x)$ 几乎处处有限(不然的话,它便不可能属于 $L^2_{p(x)}$),我们便有

$$m \prod_{n=1}^{\infty} E(|f| > n) = 0 \tag{7}$$

在另一方面

$$E(|f| > 1) \supset E(|f| > 2) \supset \cdots \tag{8}$$

如所知,由式(7)与(8)便得

---

①　我们说定义在 $[a, b]$ 上的函数 $f(x)$ 是阶梯函数,如果存在有限个点 $a = c_1 < c_2 < \cdots < c_s = b$,使得在开区间 (c_i, c_{i+1}) 内这个函数是常数.

$$\lim_{n \to \infty} mE(\mid f \mid > n) = 0$$

这就是说,可以指出这样的 n 来,使得

$$mE(\mid f \mid > n) < \delta$$

固定这个 n,并令

$$g(x) = \begin{cases} f(x), \text{若} \mid f(x) \mid \leqslant n \\ 0, \text{若} \mid f(x) \mid > n \end{cases}$$

显然,$g(x) \in M$,并且

$$\parallel f - g \parallel^2 = \int_a^b p(f-g)^2 \mathrm{d}x = \int_{E(f+g)} p(f-g)^2 \mathrm{d}x$$

$$= \int_{E(\mid f \mid > n)} pf^2 \mathrm{d}x < \varepsilon^2$$

于是,定理对于 M 便证明了.

(2) 设 $f(x) \in L^2_{p(x)}$ 且 $\varepsilon > 0$. 我们求出 M 中这样的 $g(x)$,使得 $\parallel f - g \parallel < \dfrac{\varepsilon}{2}$.

设 $\mid g(x) \mid \leqslant K$,根据熟知的鲁金(Лузин)定理,存在这样的连续函数 $\varphi_\delta(x)$,使得

$$mE(g \neq \varphi_\delta) < \delta, \mid \varphi_\delta(x) \mid \leqslant K$$

其中的 δ 是预先任意给定的正数.对于这个函数,有

$$\parallel g - \varphi_\delta \parallel^2 = \int_{E(g \neq \varphi_\delta)} p(g - \varphi_\delta)^2 \mathrm{d}x \leqslant 4K^2 \int_{E(g \neq \varphi_\delta)} p(x) \mathrm{d}x$$

但是,由于积分的绝对连续性,δ 这个数可以认为如此之小,使得最后一个不等式的右端小于 $\dfrac{\varepsilon^2}{4}$. 因此,对于所求得的 $\varphi_\delta(x)$ 有

$$\parallel f - \varphi_\delta \parallel \leqslant \parallel f - g \parallel + \parallel g - \varphi_\delta \parallel < \varepsilon$$

这就对于函数类 C 证明了本定理.

(3) 设 $f(x) \in L^2_{p(x)}$,且 $\varepsilon > 0$. 我们求出满足不等式 $\parallel f - \varphi \parallel < \dfrac{\varepsilon}{2}$ 的连续函数 $\varphi(x)$.

据康托(Cantor)定理,闭区间 $[a,b]$ 可以用点

$$c_0 = a < c_1 < \cdots < c_n = b$$

分成这样的子区间 $[c_i, c_{i+1}]$,使得在其中的每一个上,$\varphi(x)$ 的振幅都小于某一个预先取定的数 $\delta > 0$. 引进函数 $h(x)$,令 $h(b) = \varphi(b)$,而在 $c_i \leqslant x < c_{i+1}(i=0, 1, \cdots, n-1)$ 时 $h(x) = \varphi(c_i)$. 这是一个阶梯函数,它具有这样的性质:对于

$[a,b]$ 中的所有 x，不等式

$$| h(x) - \varphi(x) | < \delta$$

都成立. 这时

$$\| h - \varphi \|^2 = \int_a^b p(x)[h(x) - \varphi(x)]^2 \mathrm{d}x \leqslant \delta^2 \int_a^b p(x) \mathrm{d}x.$$

若 δ 充分地小，则这个不等式的右端便小于 $\dfrac{\varepsilon^2}{4}$，因而 $\| f \quad h \| < \varepsilon$. 定理对于函数类 S 便证明了.

（4）对于函数类 P，定理的证明完全类似，因为根据魏尔斯特拉斯第一定理，每一个 $\delta > 0$ 都对应有一个多项式 $P(x)$，它满足不等式

$$| P(x) - \varphi(x) | < \delta$$

（5）最后，如果 $b - a = 2\pi$，那么，我们首先作出满足不等式 $| f - \varphi | < \dfrac{\varepsilon}{2}$ 的连续函数 $\varphi(x)$，然后引进新的连续函数 $\psi(x)$，假设在 $[a, b - \delta]$ 上，$\psi(x) = \varphi(x)$ 和 $\psi(b) = \varphi(a)$，并在 $[b - \delta, b]$ 上把 $\psi(x)$ 当作是线性的. 这时，δ 是表示某一个正数，其选法以后再来确定. 若 K 为 $\max | \varphi(x) |$，则 $| \varphi(x) | \leqslant K$，所以

$$\| \varphi - \psi \|^2 = \int_{b-\delta}^b p(\varphi - \psi)^2 \mathrm{d}x \leqslant 4K^2 \int_{b-\delta}^b p(x) \mathrm{d}x$$

我们把 δ 当作如此之小，使得这不等式的右端小于 $\dfrac{\varepsilon^2}{16}$，于是

$$\| f - \psi \| < \frac{3}{4}\varepsilon$$

同时，因为 $\psi(a) = \psi(b)$，$\psi(x)$ 已经 2π 周期化了. 因此（魏尔斯特拉斯第二定理）它可以用三角多项式一致逼近到任意精确的程度，这就使得可以仿前来完成证明.

直 交 系

第 二 章

§1　直交性,例

设 $p(x)$ 为定义在闭区间 $[a,b]$ 上的权函数. 若函数 $f(x)$ 和 $g(x)$ 满足关系式

$$\int_a^b p(x)f(x)g(x)\mathrm{d}x = 0$$

则称它们对权函数 $p(x)$ 在闭区间 $[a,b]$ 上是互相直交的. 若 $p(x) \equiv 1$, 则可以不提到权而简单地说成 $f(x)$ 与 $g(x)$ 在闭区间 $[a,b]$ 上互相直交.

设(有限或无限的)函数系

$$\omega_1(x), \omega_2(x), \omega_3(x), \cdots \quad (a \leqslant x \leqslant b) \tag{9}$$

是这样的, 其中任意两个函数在 $[a,b]$ 上都对权函数 $p(x)$ 互相直交, 那么, 这个函数系便叫作权函数 $p(x)$ 的直交系. 若 $p(x) \equiv 1$, 则可以不提到权函数.

例如, 三角函数系

$$1, \cos x, \sin x, \cos 2x, \sin 2x, \cos 3x, \cdots \tag{10}$$

在闭区间 $[-\pi, \pi]$ 上是直交的, 切比雪夫(Чебышев)多项式系

$$T_0(x), T_1(x), T_2(x), \cdots \quad (T_n(x) = \cos(n\arccos x)) \tag{11}$$

在闭区间 $[-1,1]$ 上对权函数 $(1-x^2)^{-1/2}$ 是直交的.

以后我们只限于考虑这样的直交系, 其中没有一个函数 $\omega_k(x)$ 和 0 是等价的, 并且它们全部都属于 $L^2_{p(x)}$, 因此所有的积分

$$A_k = \int_a^b p(x)\omega_k^2(x)\mathrm{d}x \tag{12}$$

都是有限的正数,$0 < A_k < +\infty$.

对于所有的 k,都有 $A_k = 1$ 的直交系,特别方便.这种直交系叫作标准直交系或简称为标准系.

容易看出,如果式(9)是直交系,那么

$$\frac{\omega_1(x)}{\sqrt{A_1}}, \frac{\omega_2(x)}{\sqrt{A_2}}, \frac{\omega_3(x)}{\sqrt{A_3}}, \cdots \tag{13}$$

就是一个标准直交系.由式(9)到(13)的过程叫作函数系的标准化过程.

我们举出一些和已经提到的式(10)与(11)不同的直交系的例子:

(1)下列两个函数系在 $[0, \pi]$ 上都是直交的

$$1, \cos x, \cos 2x, \cos 3x, \cdots \tag{14}$$

$$\sin x, \sin 2x, \sin 3x, \cdots \tag{15}$$

(2)施图姆—刘维尔(Sturm-Liouville)函数系.兹考虑微分方程

$$\frac{\mathrm{d}^2 y}{\mathrm{d}x^2} + \lambda p(x)y = 0 \tag{16}$$

其中 $p(x) > 0$ 是定义在闭区间 $[a, b]$ 上的连续函数,而 λ 则为数值参数.

我们所注意的是这个方程满足边值条件

$$y(a) = y(b) = 0 \tag{17}$$

的那些连续解 $y = y(x)$.

例如,平凡解 $y \equiv 0$ 便是一个这样的解.如果这种解 $y(x)$ 不恒等于 0,便称它是我们问题的基本函数.并不是对参数 λ 的任何值都有基本函数,因而宜于分出存在基本函数的那些 λ 值,并且赋予特殊的名称.它们通常叫作问题的特征值.

在微分方程的理论中证明了特征值总是存在的,并且(除去一常数因子外)对应于每一个特殊值都只有一个基本函数.

我们把问题的全部特征值都写出来,并在它们的下面写出所对应的基本函数

λ_1	λ_2	λ_3	$\cdots$
$y_1(x)$	$y_2(x)$	$y_3(x)$	$\cdots$

$(\lambda_i \neq \lambda_k)$

定理 2.1 基本函数系

$$y_1(x), y_2(x), y_3(x), \cdots \tag{18}$$

在闭区间$[a, b]$上对权函数$p(x)$是直交的.

证明 设$i \neq k$,则

$$\frac{\mathrm{d}^2 y_i}{\mathrm{d}x^2} + \lambda_i p(x) y_i = 0, \frac{\mathrm{d}^2 y_k}{\mathrm{d}x^2} + \lambda_k p(x) y_k = 0$$

用y_k乘第一个恒等式,用y_i乘第二个恒等式,并用第一个减去第二个. 若注意到

$$y_k y''_i - y_i y''_k = \frac{\mathrm{d}}{\mathrm{d}x}(y_k y'_i - y_i y'_k)$$

便得到

$$\frac{\mathrm{d}}{\mathrm{d}x}(y_k y'_i - y_i y'_k) + (\lambda_i - \lambda_k) p(x) y_i y_k = 0$$

从而

$$[y_k y'_i - y_i y'_k]_a^b + (\lambda_i - \lambda_k) \int_a^b p(x) y_i(x) y_k(x) \mathrm{d}x = 0$$

但由于函数$y_i(x)$和$y_k(x)$都满足条件(17),故

$$[y_k y'_i - y_i y'_k]_a^b = 0$$

而既然$\lambda_i \neq \lambda_k$,所以

$$\int_a^b p(x) y_i(x) y_k(x) \mathrm{d}x = 0$$

定理证明.

和函数系(18)类似的每一个函数系都叫作施图姆－刘维尔函数系,适合于问题

$$\frac{\mathrm{d}^2 y}{\mathrm{d}x^2} + \lambda y = 0 \quad (y(0) = y(\pi) = 0)$$

的函数系(15)便可作为一个例子. 此问题的特征数是

$$\lambda_k = k^2 \quad (k = 1, 2, 3, \cdots)$$

(3)拉德马赫(Rademacher)函数系. 用点

$$0, \frac{1}{2^k}, \frac{2}{2^k}, \cdots, \frac{n}{2^k}, \frac{n+1}{2^k}, \cdots, \frac{2^k-1}{2^k}, 1 \tag{19}$$

把闭区间$[0, 1]$分成2^k个子区间,并引进函数$r_k(x)$,令

$$r_k\left(\frac{n}{2^k}\right) = 0 \quad (n = 0, 1, 2, \cdots, 2^k)$$

当 $\dfrac{n}{2^k} < x < \dfrac{n+1}{2^k}$ $(n = 0,1,2,\cdots,2^k-1)$ 时,令 $r_k(x) = (-1)^n$.

函数系

$$r_1(x), r_2(x), r_3(x), \cdots \tag{20}$$

便叫作拉德马赫系.

定理 2.2 拉德马赫函数系在闭区间 $[0,1]$ 上是直交的.

证明 因为(除点列(19)中的点以外)

$$r_k^2(x) = 1$$

故

$$\int_0^1 r_k^2(x)\mathrm{d}x = 1 \tag{21}$$

再设 k 和 $i(k < i)$ 是两个自然数,这时

$$\int_0^1 r_k(x)r_i(x)\mathrm{d}x = \sum_{n=0}^{2^k-1} \int_{\frac{n}{2^k}}^{\frac{n+1}{2^k}} r_k(x)r_i(x)\mathrm{d}x$$

$$= \sum_{n=0}^{2^k-1} (-1)^n \int_{\frac{n}{2^k}}^{\frac{n+1}{2^k}} r_i(x)\mathrm{d}x$$

用点 $\dfrac{m}{2^i}$ 把闭区间 $\left[\dfrac{n}{2^k}, \dfrac{n+1}{2^k}\right]$ 分成偶数个子区间

$$\left[\dfrac{n \cdot 2^{i-k}}{2^i}, \dfrac{n \cdot 2^{i-k}+1}{2^i}\right]$$

$$\left[\dfrac{n \cdot 2^{i-k}+1}{2^i}, \dfrac{n \cdot 2^{i-k}+2}{2^i}\right], \cdots, \left[\dfrac{n \cdot 2^{i-k}+2^{i-k}-1}{2^i}, \dfrac{(n+1)2^{i-k}}{2^i}\right]$$

在它们之中交互有 $r_i(x) = 1$ 和 $r_i(x) = -1$,因而

$$\int_{\frac{n}{2^k}}^{\frac{n+1}{2^k}} r_i(x)\mathrm{d}x = 0$$

从而

$$\int_0^1 r_k(x)r_i(x)\mathrm{d}x = 0 \tag{22}$$

由式(21)和(22)便推出了本定理.

若令[①]

----

① 记号 sign 是表示"符号"的拉丁字"signum"的缩写.

$$\text{sign } z = \begin{cases} 1, & \text{当 } z > 0 \\ 0, & \text{当 } z = 0 \\ -1, & \text{当 } z < 0 \end{cases}$$

那么函数 $r_k(x)$ 的定义便可以用公式

$$r_k(x) = \text{sign} \left[\sin(2^k \pi x) \right]$$

来写出.

实际上,若 $x = \dfrac{n}{2^k}$,则 $\sin(2^k \pi x) = 0$;若 $\dfrac{n}{2^k} < x < \dfrac{n+1}{2^k}$,则 $n\pi < 2^k \pi x < (n+1)\pi$ 且 $\sin(2^k \pi x)$ 在 n 是偶数时是正数,n 是奇数时是负数.

§2 傅里叶系数

设在闭区间 $[a,b]$ 上给定了一个对权函数 $p(x)$ 的直交系(9).兹考虑这个函数系中函数的任何有限的线性组合

$$f(x) = c_1 \omega_1(x) + c_2 \omega_2(x) + \cdots + c_n \omega_n(x) \tag{23}$$

用 $p(x)\omega_k(x)(k=1,2,\cdots,n)$ 乘式(23)后,积分所得等式;根据式(12),便得到

$$\int_a^b p(x) f(x) \omega_k(x) \mathrm{d}x = A_k c_k$$

从而得

$$c_k = \frac{1}{A_k} \int_a^b p(x) f(x) \omega_k(x) \mathrm{d}x \tag{24}$$

这样一来,等式(23)中的系数 c_k 便被单值地确定了.

在三角系(10)的特例中,公式(24)就变成函数 $f(x)$ 的傅里叶(Fourier)系数那个熟知的公式.所以在一般情形下式(24)中诸数便叫作函数 $f(x)$ 关于直交系(9)的傅里叶系数.要把它们计算出来,不一定要 $f(x)$ 是函数 $\omega_k(x)$ 的线性组合,而只需要式(24)中的积分有意义就行了.如我们所知,若 $f(x) \in L_{p(x)}^2$,则在任何时候这都是成立的.

因此对于 $L_{p(x)}^2$ 中的任何一个 $f(x)$ 都可以确定诸系数 c_k,并作级数

$$\sum_{k=1}^{+\infty} c_k \omega_k(x) \tag{25}$$

(假定式(9)是一个无限系).此级数便叫作函数 $f(x)$ 关于函数系(9)的傅里叶

级数. 当然,我们并没有肯定这个级数的收敛性;相反地,我们由本书第一篇中便已经知道有连续函数的傅里叶三角级数非处处收敛的例子. 因此便没有任何根据能写成等式

$$f(x) = \sum_{k=1}^{+\infty} c_k \omega_k(x)$$

一般说来这是不对的. 为了要指明级数(25)与函数 $f(x)$ 的联系,通常便使用以下的记号

$$f(x) \sim \sum_{k=1}^{+\infty} c_k \omega_k(x)$$

我们来考虑一个问题,它使我们能用新的观点来讲傅里叶系数这个概念.

为此,我们仍取函数系(9),并提出问题:选择系数 $a_1, a_2, \cdots, a_n$,使线性组合

$$U(x) = \sum_{k=1}^{n} a_k \omega_k(x) \tag{26}$$

(务必注意,数 n 是固定的)表示 $L_{p(x)}^2$ 中某个函数 $f(x)$,而 $f(x)$ 带有最小的平均平方误差,即,使积分

$$\| U - f \|^2 = \int_a^b p(x)[U(x) - f(x)]^2 dx \tag{27}$$

取可能最小的值.

很容易解决这个问题. 实际上,注意到

$$\int_a^b p(x)f(x)U(x)dx = \sum_{k=1}^{n} a_k \int_a^b p(x)f(x)\omega_k(x)dx$$
$$= \sum_{k=1}^{n} A_k a_k c_k$$

其中的 c_k 是函数 $f(x)$ 的傅里叶系数;而在另一方面,由函数系(9)的直交性

$$\int_a^b p(x)U^2(x)dx = \sum_{k=1}^{n} A_k a_k^2$$

我们便得

$$\| U - f \|^2 = \int_a^b p(x)f^2(x)dx - 2\sum_{k=1}^{n} A_k a_k c_k + \sum_{k=1}^{n} A_k a_k^2$$

从而

$$\| U - f \|^2 = \int_a^b p(x)f^2(x)dx - \sum_{k=1}^{n} A_k c_k^2 + \sum_{k=1}^{n} A_k (a_k - c_k)^2$$

在这个等式的右端,只有和

19

$$\sum_{k=1}^{n} A_k (a_k - c_k)^2$$

才与系数 a_k 有关.

当 $a_k = c_k (k=1,2,\cdots,n)$ 时,即当所求系数为函数 $f(x)$ 的傅里叶系数时,而且也仅在这时,它才具有可能最小的值.

因此便证明了:

定理 2.3(托普勒(A. Toepler)) 在所有线性组合

$$U(x) = \sum_{k=1}^{n} a_k \omega_k(x)$$

之中,函数 $f(x)$ 的傅里叶级数的一个截段

$$S_n(x) = \sum_{k=1}^{n} c_k \omega_k(x)$$

使积分

$$\| U - f \|^2 = \int_a^b p(x) [U(x) - f(x)]^2 \mathrm{d}x$$

具有可能最小的值,并且这个最小值等于

$$\| S_n - f \|^2 = \int_a^b p(x) f^2(x) \mathrm{d}x - \sum_{k=1}^{n} A_k c_k^2 \qquad (28)$$

由于 $\| S_n - f \|^2 \geqslant 0$,所以从式(28)便可以推出贝塞尔(Bessel)不等式

$$\sum_{k=1}^{n} A_k c_k^2 \leqslant \int_a^b p(x) f^2(x) \mathrm{d}x$$

由于数 n 是任意的(我们把函数系(9)当作是无限的),级数

$$\sum_{k=1}^{+\infty} A_k c_k^2$$

收敛,并有不等式

$$\sum_{k=1}^{+\infty} A_k c_k^2 \leqslant \int_a^b p(x) f^2(x) \mathrm{d}x$$

它也叫作贝塞尔不等式.

于特例,如果

$$\sum_{k=1}^{+\infty} A_k c_k^2 = \int_a^b p(x) f^2(x) \mathrm{d}x \qquad (29)$$

那么这个等式便叫作帕斯瓦尔(Parseval)等式.由(28)显然可知帕斯瓦尔等式和关系

$$\lim_{n \to \infty} \| S_n - f \| = 0 \qquad (30)$$

是完全等价的.

定理 2.4　设 $f(x)$ 是一个函数系中函数的有限线性组合,则对于它来说帕斯瓦尔等式成立.

实际上,我们已经看出,等式

$$f(x) = c_1\omega_1(x) + \cdots + c_n\omega_n(x) \tag{31}$$

中的系数 c_k 必须是函数 $f(x)$ 的傅里叶系数. 所以,用 $p(x)f(x)$ 乘式(31)并求积分,立刻就得到帕斯瓦尔等式

$$\int_a^b p(x)f^2(x)\mathrm{d}x = \sum_{k=1}^{n} A_k c_k^2$$

这个定理也可以换一个方法来证明,只要我们注意到当 $f(x) = \omega_k(x)$ 时帕斯瓦尔等式显然成立(因为这变成了数 A_k 的定义)并建立下面的命题:

定理 2.5　如果帕斯瓦尔等式对于诸函数

$$f_1(x), f_2(x), \cdots, f_m(x)$$

都成立,则对于它们的线性组合

$$f(x) = \sum_{i=1}^{m} a_i f_i(x) \tag{32}$$

帕斯瓦尔等式也成立.

证明　用 $S_n[f]$ 来表示函数 $f(x)$ 的傅里叶级数的第 n 截段

$$\sum_{k=1}^{n} c_k \omega_k(x) \tag{33}$$

这个记号着重地指明了截段(33)对函数 $f(x)$ 的依赖性. 不难看出,对于函数(32)有

$$S_n[f] = \sum_{i=1}^{m} a_i S_n[f_i]$$

因此

$$f(x) - S_n[f] = \sum_{i=1}^{m} a_i \{f_i(x) - S_n[f_i]\}$$

因而

$$\| f - S_n[f] \| \leqslant \sum_{i=1}^{m} | a_i | \cdot \| f_i - S_n[f_i] \|$$

由于假设对每一个函数 $f_i(x)$ 帕斯瓦尔等式都成立,所以这个不等式的右端当 n 增大时趋于 0. 这就表示关系式(30)成立,而式(30)是等价于函数 $f(x)$ 的帕斯瓦尔等式(29)的.

我们再来证明下面的命题：

定理 2.6　要想对于函数 $f(x)$ 使帕斯瓦尔等式成立，其必要与充分条件是：它可以用式(9)中函数的线性组合逼近(在空间 $L^2_{p(x)}$ 的距离意义下)到任意精确的程度，即，对于每一个 $\varepsilon > 0$，都存在满足不等式

$$\| U - f \| < \varepsilon$$

的线性组合

$$U(x) = \sum_{k=1}^{n} a_k \omega_k(x)$$

定理中条件的必要性是很明显的，因为当 n 充分大时可以取函数 $f(x)$ 的傅里叶级数的第 n 部分和 $S_n(x)$ 来代替所求函数 $U(x)$.

现在假定对每一个 $\varepsilon > 0$，都存在满足要求的函数 $U(x)$. 根据托普勒定理，不等式

$$\| S_n - f \| \leqslant \| U - f \|$$

成立，故更应有

$$\| S_n - f \| < \varepsilon$$

其余的是很显然的.

现在我们提出一个问题：在什么条件下，给定的数列 $\{c_k\}$ 是 $L^2_{p(x)}$ 中某一个函数的傅里叶系数？下面的定理便给出了解答.

定理 2.7(F. 黎斯(Riesz)，E. 菲舍尔)　设在闭区间 $[a,b]$ 上给定了对权函数 $p(x)$ 的直交系 $\{\omega_k(x)\}$. 如果诸数 $c_1, c_2, c_3, \cdots$ 使得级数

$$\sum_{k=1}^{+\infty} A_k c_k^2 \tag{34}$$

收敛，那么在 $L^2_{p(x)}$ 中存在有一个唯一的函数 $f(x)$，使得：

(1) 数 c_k 是它对于函数系 $\{\omega_k(x)\}$ 的傅里叶系数；

(2) 帕斯瓦尔等式成立.

证明　设

$$S_n(x) = \sum_{k=1}^{n} c_k \omega_k(x)$$

并来证明序列 $\{S_n\}$ 自我收敛. 为此我们计算 $\| S_m - S_n \|$. 若 $m > n$，则

$$\| S_m - S_n \|^2 = \left\| \sum_{k=n+1}^{m} c_k \omega_k(x) \right\|^2 = \int_a^b p(x) \left[\sum_{k=n+1}^{m} c_k \omega_k(x) \right]^2 \mathrm{d}x$$

$$= \sum_{k=n+1}^{m} A_k c_k^2$$

根据级数(34)的收敛性,对于每一个 $\varepsilon > 0$,都存在这样的 N,使得当 $m > n > N$ 时,有

$$\sum_{k=n+1}^{m} A_k c_k^2 < \varepsilon^2$$

或者同样,$\| S_m - S_n \| < \varepsilon$,而这就表示序列 $\{S_n\}$ 自我收敛.

但空间 $L_{p(x)}^2$ 是完备的,在这个空间中有函数 $f(x)$ 使得

$$\lim_{n \to \infty} \| S_n - f \| = 0 \tag{35}$$

实际上,由式(35)可知序列 $\{S_n(x)\}$ 弱收敛于 $f(x)$,即,对于 $L_{p(x)}^2$ 中的任一个 $g(x)$ 均有

$$\lim_{n \to \infty} \int_a^b p(x) S_n(x) g(x) \mathrm{d}x = \int_a^b p(x) f(x) g(x) \mathrm{d}x$$

于特例,当 $g(x) = \omega_i(x)$ 时我们便有

$$\int_a^b p(x) f(x) \omega_i(x) \mathrm{d}x = \lim_{n \to \infty} \int_a^b p(x) S_n(x) \omega_i(x) \mathrm{d}x$$

而当 $n \geqslant i$ 时

$$\int_a^b p(x) S_n(x) \omega_i(x) \mathrm{d}x = \int_a^b p(x) \left[\sum_{k=1}^{n} c_k \omega_k(x) \right] \omega_i(x) \mathrm{d}x = A_i c_i$$

故

$$c_i = \frac{1}{A_i} \int_a^b p(x) f(x) \omega_i(x) \mathrm{d}x$$

因此,数 c_k 确实是 $f(x)$ 的傅里叶系数.但是在这种情形下 $S_n(x)$ 是这个函数的傅里叶级数的部分和,故对于它帕斯瓦尔等式成立.

现在只需证明满足要求的函数的唯一性,如果有两个的话,那么根据条件: (1) 它们有共同的傅里叶级数,而帕斯瓦尔等式成立就表示这傅里叶级数收敛 (平均)于该函数;再根据条件(2)它们都应当是同一个序列 $\{S_n\}$ 的极限,从而便知这两个函数重合.于是定理便完全证明了.

§3　完备性与封闭性

定义 2.1　一个直交函数系,如果对于空间 $L_{p(x)}^2$ 中的任一函数帕斯瓦尔等

23

式都成立,则称之为封闭的.

由前述显然可知,直交系的封闭性便表示系中函数的所有线性组合构成的函数类在 $L^2_{p(x)}$ 中是处处稠密的.

定理 2.8 设一个直交系是封闭的,则对于 $L^2_{p(x)}$ 中的任意两个函数 $f(x)$ 与 $g(x)$ 都有

$$\int_a^b p(x)f(x)g(x)\mathrm{d}x = \sum_{k=1}^{+\infty} A_k a_k b_k \tag{36}$$

其中 a_k 与 b_k 分别是函数 $f(x)$ 与 $g(x)$ 的傅里叶系数.

实际上,和 $f(x)+g(x)$ 的傅里叶系数是 a_k+b_k,故对于和 $f(x)+g(x)$ 的帕斯瓦尔等式具有下面的形式

$$\int_a^b p(f^2 + 2fg + g^2)\mathrm{d}x = \sum_{k=1}^{+\infty} A_k (a_k^2 + 2a_k b_k + b_k^2) \tag{37}$$

但是

$$\int_a^b pf^2 \mathrm{d}x = \sum_{k=1}^{+\infty} A_k a_k^2, \int_a^b pg^2 \mathrm{d}x = \sum_{k=1}^{+\infty} A_k b_k^2$$

从而,由式(37)便可以推出式(36).公式(36)是广义的帕斯瓦尔等式;当 $g(x)=f(x)$ 时,这个公式就变成了通常的帕斯瓦尔等式.

定理 2.9(B. A. 斯捷克洛夫(Стеклов)) 设 A 是在 $L^2_{p(x)}$ 中处处稠密的函数类.若对于 A 中所有函数帕斯瓦尔等式都成立,则所考虑的直交系是封闭的.

实际上,不论 $f(x)$ 是 $L^2_{p(x)}$ 中的哪一个函数,在函数类 A 中都可以求得满足不等式

$$\|f-g\| < \frac{\varepsilon}{2}$$

的函数 $g(x)$,其中 $\varepsilon > 0$ 是预先给定的.而对于 $g(x)$,帕斯瓦尔等式成立,这就表示可以求得函数 $\omega_k(x)$ 的线性组合 $U(x)$,使得 $\|U-g\| < \frac{\varepsilon}{2}$.这时便有

$$\|U-f\| < \varepsilon$$

因此函数 $f(x)$ 可以用函数系中的函数的线性组合逼近到任何精确的程度,而这就表示,对于 $f(x)$ 来说,帕斯瓦尔等式成立.

推论 1 若对于任一个多项式帕斯瓦尔等式都成立,则函数系 $\{\omega_k(x)\}$ 是封闭的.

实际上,所有多项式组成的类 P 在 $L^2_{p(x)}$ 中是处处稠密的.

推论 2 若基本区间的长度是 2π,则三角函数系(10)是封闭的.

实际上,对于任何一个三角多项式,帕斯瓦尔等式都成立,因为它是函数 (10) 的线性组合,而这样的多项式类在 $L^2_{p(x)}$ 中是处处稠密的.

定义 2.2　一个函数系 $\Phi=\{\varphi(x)\}(a\leqslant x\leqslant b)$,若在 $L^2_{p(x)}$ 中没有一个函数 (除恒等于 0 的函数外) 和 Φ 中的所有函数 $\varphi(x)$ 都直交,则称 Φ 是完备的.

定理 2.10　直交系是完备的,其充要条件为它是一个封闭系.

实际上,若对于权函数 $p(x)$ 的直交系 $\{\omega_k(x)\}$ 是封闭的,而函数 $f(x)$ 与所有的 $\omega_k(x)$ 都直交,则函数 $f(x)$ 的傅里叶系数全都要等于 0:$c_k=0$. 这就表示对 $f(x)$,帕斯瓦尔等式呈下形

$$\int_a^b p(x)f^2(x)\mathrm{d}x=0$$

这只有在 $f(x)=0$ 的条件下才可能. 因而由直交系的封闭性便可以推出它的完备性.

若这函数系 $\{\omega_k(x)\}$ 不是封闭的,则在 $L^2_{p(x)}$ 中便有帕斯瓦尔等式不成立的函数 $g(x)$.

设 c_k 是它的傅里叶系数,则由贝塞尔不等式知

$$\sum_{k=1}^{+\infty} A_k c_k^2 < \int_a^b p(x)g^2(x)\mathrm{d}x$$

据黎斯－菲舍尔定理,在 $L^2_{p(x)}$ 中存在函数 $f(x)$,它的傅里叶系数便是 c_k(像 $g(x)$ 的那样),而对它

$$\sum_{k=1}^{+\infty} A_k c_k^2 = \int_b^a p(x)f^2(x)\mathrm{d}x$$

令 $f(x)-g(x)=r(x)$. 这个函数不恒等于 0,又与所有函数 $\omega_k(x)$ 都直交,所以函数系 $\{\omega_k(x)\}$ 不是完备的. 定理便完全得到证明了.

推论　在长度为 2π 的区间上,三角系是完备的.

线性无关的函数系

第 三 章

§1　线性无关性、格拉姆行列式、施米特定理

定义 3.1　设 $\varphi_1(x),\varphi_2(x),\cdots,\varphi_n(x)$ 为定义在闭区间 $[a,b]$ 上的函数系,若存在一组常数 $\alpha_1,\alpha_2,\cdots,\alpha_n$,其中至少有一个不等于 0,使得条件

$$\alpha_1\varphi_1(x)+\alpha_2\varphi_2(x)+\cdots+\alpha_n\varphi_n(x)\equiv 0 \tag{38}$$

成立,则称所给的函数系是线性相关的(和 0 等价的函数总是当作恒等于 0 的). 如果这样的常数不存在,而由条件(38)即得

$$\alpha_1=\alpha_2=\cdots=\alpha_n=0$$

则函数系便叫作线性无关的.

如果在函数系中有等价于 0 的函数,那么,这个函数系是线性相关的. 如果一个部分函数系构成线性相关的函数系,则整个函数系是线性相关的.

例　(1) 对于权函数 $p(x)$ 的每一个有限直交系都是线性无关的. 实际上,设 $\{\omega_k(x)\}$ 是这样的一个函数系,且

$$\alpha_1\omega_1(x)+\cdots+\alpha_n\omega_n(x)=0$$

则用 $p(x)\omega_i(x)$ 乘这个等式并求积分即得 $\alpha_i=0$.

(2) 设 $n_1,n_2,\cdots,n_m$ 是两两不相等的整数,则函数 x^{n_1},$x^{n_2},\cdots,x^{n_m}$ 构成一个在任何区间上都是线性无关的函数系. 实际上,整多项式只能有有限个根.

定义 3.2　如果一个可数函数系的每一个有限部分都是线性无关的,这个函数系便叫作线性无关的.

例如,函数系 $1,x,x^2,x^3,\cdots$ 便是线性无关的.

我们约定以下的记号:设 $f(x)$ 与 $g(x)$ 是 $L^2_{p(x)}$ 中的两个函数,则 (f,g) 指的便是积分

$$(f,g)=\int_a^b p(x)f(x)g(x)\mathrm{d}x$$

定义 3.3　设 $\varphi_1(x),\varphi_2(x),\cdots,\varphi_n(x)$ 都是定义在 $[a,b]$ 上并属于 $L^2_{p(x)}$ 的函数,行列式

$$A=\begin{vmatrix} (\varphi_1,\varphi_1) & (\varphi_1,\varphi_2) & \cdots & (\varphi_1,\varphi_n) \\ (\varphi_2,\varphi_1) & (\varphi_2,\varphi_2) & \cdots & (\varphi_2,\varphi_n) \\ \vdots & \vdots & & \vdots \\ (\varphi_n,\varphi_1) & (\varphi_n,\varphi_2) & \cdots & (\varphi_n,\varphi_n) \end{vmatrix}$$

便叫作函数系 $\{\varphi_k(x)\}$ 的格拉姆(J. P. Gram)行列式.

定理 3.1　函数系线性相关的充要条件是它的格拉姆行列式等于 0.

实际上,设函数系 $\{\varphi_k(x)\}(k=1,2,\cdots,n)$ 是线性相关的,那么便可以求得一组常数 α_k,它们之中有异于 0 的并且还满足条件(38).逐次用 $p(x)\varphi_1(x)$,$p(x)\varphi_2(x),\cdots,p(x)\varphi_n(x)$ 分别乘式(38)并求积分即得 n 个方程

$$\begin{cases} \alpha_1(\varphi_1,\varphi_1)+\alpha_2(\varphi_1,\varphi_2)+\cdots+\alpha_n(\varphi_1,\varphi_n)=0 \\ \alpha_1(\varphi_2,\varphi_1)+\alpha_2(\varphi_2,\varphi_2)+\cdots+\alpha_n(\varphi_2,\varphi_n)=0 \\ \qquad\qquad\vdots \\ \alpha_1(\varphi_n,\varphi_1)+\alpha_2(\varphi_n,\varphi_2)+\cdots+\alpha_n(\varphi_n,\varphi_n)=0 \end{cases} \tag{39}$$

换句话说,$\alpha_1,\alpha_2,\cdots,\alpha_n$ 诸数构成的行列式为 Δ_n 的齐次方程组的解,而这只有在条件

$$\Delta_n=0$$

下才可能.

反之,设 $\Delta_n=0$,则存在不全为 0 且满足关系(39)的一组数 α_k,我们把方程组(39)写成

$$\int_a^b p(x)\varphi_1(x)[\alpha_1\varphi_1(x)+\alpha_2\varphi_2(x)+\cdots+\alpha_n\varphi_n(x)]\mathrm{d}x=0$$

$$\int_a^b p(x)\varphi_2(x)[\alpha_1\varphi_1(x)+\alpha_2\varphi_2(x)+\cdots+\alpha_n\varphi_n(x)]\mathrm{d}x=0$$

$$\int_a^b p(x)\varphi_n(x)[\alpha_1\varphi_1(x)+\alpha_2\varphi_2(x)+\cdots+\alpha_n\varphi_n(x)]dx=0$$

的形式. 如果用 α_1 乘第一个等式, 用 α_2 乘第二个等式, 如此等等, 把所得结果相加, 便得到

$$\int_a^b p(x)[\alpha_1\varphi_1(x)+\alpha_2\varphi_2(x)+\cdots+\alpha_n\varphi_n(x)]^2dx=0$$

从而便得出式 (38), 即函数系 $\{\varphi_k(x)\}$ 是线性相关的.

推论 设 $\Delta_n \neq 0$, 则诸行列式[①] $\Delta_1, \Delta_2, \cdots, \Delta_{n-1}$ 中没有一个是等于 0 的.

实际上, 由 $\Delta_n \neq 0$ 即知函数系 $\varphi_1(x), \varphi_2(x), \cdots, \varphi_n(x)$ 是线性无关的, 而这时每一个截短的函数系 $\varphi_1(x), \varphi_2(x), \cdots, \varphi_m(x)(m < n)$ 便都是线性无关的, 从而也就推出了 $\Delta_m \neq 0$.

引理 3.1 设函数 $\varphi_1(x), \varphi_2(x), \cdots, \varphi_n(x)$ 都定义在 $[a, b]$ 上并属于 $L_{p(x)}^2$, 令

$$\psi_n(x)=\begin{vmatrix} (\varphi_1,\varphi_1) & (\varphi_1,\varphi_2) & \cdots & (\varphi_1,\varphi_{n-1}) & \varphi_1(x) \\ (\varphi_2,\varphi_1) & (\varphi_2,\varphi_2) & \cdots & (\varphi_2,\varphi_{n-1}) & \varphi_2(x) \\ \vdots & \vdots & & \vdots & \vdots \\ (\varphi_n,\varphi_1) & (\varphi_n,\varphi_2) & \cdots & (\varphi_n,\varphi_{n-1}) & \varphi_n(x) \end{vmatrix}$$

则

$$(\psi_n,\varphi_k)=\begin{cases} 0, & 若 k < n \\ \Delta_n, & 若 k = n \end{cases} \tag{40}$$

实际上, 要想用 $p(x)\varphi_k(x)$ 乘 $\psi_n(x)$, 只需用 $p(x)\varphi_k(x)$ 乘前述行列式的最末一行. 而欲求所得乘积的积分同样也是去积分其最末一行, 其余便不需多说了.

如果按行列式 $\psi_n(x)$ 的最末一行元素展开, 则得

$$\psi_n(x)=\alpha_1\varphi_1(x)+\cdots+\alpha_{n-1}\varphi_{n-1}(x)+\Delta_{n-1}\varphi_n(x) \tag{41}$$

因此, 在函数系 $\varphi_k(x)$ 是线性无关的条件下, 函数 $\psi_n(x)$ 就不能等于 0 (因为 $\Delta_{n-1} \neq 0$). 用 $p(x)\psi_n(x)$ 乘式 (41), 求积分并注意到式 (40), 即得

$$\int_a^b p(x)\psi_n^2(x)dx=\Delta_{n-1}\Delta_n \tag{42}$$

---

① Δ_1 指的便是 (φ_1,φ_1).

由此可见,行列式 Δ_n 与 Δ_{n-1} 有相同的符号.依同样的推理可知 Δ_{n-1} 与 Δ_{n-2} 有相同的符号,而这就表示 Δ_n 与 Δ_{n-2} 有相同的符号.这样继续推下去,我们便断定 Δ_n 的符号与 $\Delta_1 = (\varphi_1, \varphi_1) > 0$ 的符号相同.因此便证明了.

定理 3.2 线性无关函数系的格拉姆行列式一定是正的.

所述推理可用来证明重要的"直交化定理".

定理 3.3(施米特(Schmidt)) 设在 $\lfloor a,b \rfloor$ 上给定了一个有限的或可数的属于 $L_{p(x)}^2$ 的线性无关函数系 $\varphi_1(x), \varphi_2(x), \cdots$,则可以构成这样一个标准直交系 $\omega_1(x), \omega_2(x), \cdots$,使得:

(1) 每一个 $\omega_n(x)$ 都是起首 n 个函数 $\varphi_1(x), \varphi_2(x), \cdots, \varphi_n(x)$ 的线性组合;

(2) 每一个 $\varphi_n(x)$ 都是起首 n 个函数 $\omega_1(x), \omega_2(x), \cdots, \omega_n(x)$ 的线性组合.

证明 我们令

$$\omega_1(x) = \frac{\varphi_1(x)}{\sqrt{\Delta_1}}, \omega_n(x) = \frac{\psi_n(x)}{\sqrt{\Delta_{n-1}\Delta_n}} \quad (n \geq 2)$$

其中 $\psi_n(x)$ 是引理中所考虑的行列式.

由于 $\psi_n(x)$ 是函数 $\varphi_1(x), \varphi_2(x), \cdots, \varphi_n(x)$ 的线性组合,所以 $\omega_n(x)$ 也是这些函数的线性组合.

其次,引理证实了 $\psi_n(x)$ 与所有函数 $\varphi_1, \varphi_2, \cdots, \varphi_{n-1}$ 的直交性,而这就表示 $\psi_n(x)$ 与诸函数 $\varphi_1, \varphi_2, \cdots, \varphi_{n-1}$ 的线性组合是直交的.其中,$\psi_n(x)$ 以及 $\omega_n(x)$ 与所有函数 $\omega_1(x), \omega_2(x), \cdots, \omega_{n-1}(x)$ 都直交.因此,函数系 $\{\omega_k(x)\}$ 是直交的(应注意所指的都是对于权函数 $p(x)$ 的直交性).由式(42)知,当 $n \geq 2$ 时

$$\int_a^b p(x)\omega_n^2(x)\mathrm{d}x = 1$$

而当 $n = 1$ 时,这个等式十分明显.因而 $\{\omega_k(x)\}$ 是一个标准直交系.

还需要验证 $\varphi_n(x)$ 可以表示成 $\omega_1(x), \omega_2(x), \cdots, \omega_n(x)$ 的线性组合.设对于所有 $n < m$ 都已证明了这一点,则由式(41)便有

$$\varphi_m(x) = \frac{1}{\Delta_{m-1}}\psi_m(x) - \sum_{i=1}^{m-1} \frac{\alpha_i}{\Delta_{m-1}}\varphi_i(x)$$

在这里把 $\psi_m(x)$ 换成 $\sqrt{\Delta_{m-1}\Delta_m}\,\omega_m(x)$,而把每一个 $\varphi_i(x)(i=1,2,\cdots,m-1)$ 换成函数 $\omega_1(x), \cdots, \omega_i(x)$ 的线性组合,则 $\varphi_m(x)$ 便是函数 $\omega_1(x), \cdots, \omega_m(x)$ 的线性组合.

于是,定理便完全得到证明了.

构成函数系 $\{\omega_k(x)\}$ 的方法叫作原始函数系 $\{\varphi_k(x)\}$ 的"直交化".

由于和所有函数 $\varphi_k(x)$ 都直交的函数 $f(x)$ 也和所有 $\omega_k(x)$ 都直交,而且反之亦然,故有下述定理:

定理 3.4 函数系 $\{\varphi_k(x)\}$ 与 $\{\omega_k(x)\}$ 同时都是完备的,或者同时都是不完备的.

§2 用线性无关函数作逼近

设 $\varphi_1(x), \varphi_2(x), \cdots, \varphi_n(x)$ 是定义在 $[a,b]$ 上并属于 $L^2_{p(x)}$ 的线性无关函数系.

任取一函数 $f(x) \in L^2_{p(x)}$,并提出用函数 $\varphi_k(x)$ 的线性组合对函数 $f(x)$ 作最佳平均逼近的问题.在诸函数 $\varphi_k(x)$ 构成对权函数 $p(x)$ 的直交系的假定下已经考虑过这样的问题了.现在我们不作这样的假定.

用施米特方法把函数系 $\{\varphi_k(x)\}$ 直交化,我们就得到函数系 $\{\omega_k(x)\}$.函数 $\varphi_k(x)$ 的每一个线性组合都是诸函数 $\omega_k(x)$ 的线性组合,反之亦然.而根据托普勒定理,存在 $\omega_k(x)$ 的唯一的线性组合,使积分

$$\int_a^b p(x)[f(x) - U(x)]^2 \mathrm{d}x \tag{43}$$

为最小,它就是函数 $f(x)$ 的傅里叶级数的第 n 部分和.所以,存在一个而且也只有一个线性组合

$$U(x) = \sum_{i=1}^n d_i \varphi_i(x) \tag{44}$$

它使积分(43)具有最小值.我们指出,不仅线性组合 $U(x)$ 而且诸系数 d_i 也都唯一地确定了.因为,设 $U(x)$ 除式(44)以外还可以表示成

$$U(x) = \sum_{i=1}^n \overline{d}_i \varphi_i(x)$$

便会有

$$\sum_{i=1}^n (\overline{d}_i - d_i) \varphi_i(x) = 0$$

从而,由函数 $\varphi_i(x)$ 的线性无关性便知 $\overline{d}_i = d_i (i = 1, 2, \cdots, n)$.

兹提出实际上求诸数 d_i 和积分(43)的最小值的问题.

引理 3.2 使积分

$$\int_a^b p(x)[f(x) - U(x)]^2 dx$$

为最小的线性组合 $U(x)$，使差

$$f(x) - U(x) \tag{45}$$

与所有函数 $\varphi_k(x)$ 都直交.

证明　设 $\{\omega_k(x)\}$ 是由函数系 $\{\psi_k(x)\}$ 直交化所得的直交系，则 $U(x)$ 便是函数 $f(x)$ 的傅里叶级数的第 n 部分和

$$U(x) = \sum_{k=1}^n c_k \omega_k(x) \quad \left(c_k = \int_a^b p(x) f(x) \omega_k(x) dx \right)$$

只需证明差(45)对诸函数 $\omega_i(x)$ 的直交性就可以证明它对诸函数 $\varphi_i(x)$ 的直交性了. 而前者是十分明显的，因为

$$\int_a^b p(x) \left[f(x) - \sum_{k=1}^n c_k \omega_k(x) \right] \omega_i(x) dx = c_i - c_i = 0$$

因而引理便得到证明了.

所以，要求的数 d_i 便是这样的，它们使得

$$\int_a^b p(x) \left[f(x) - \sum_{k=1}^n d_k \varphi_k(x) \right] \varphi_i(x) dx = 0 \quad (i = 1, 2, \cdots, n)$$

这就是说，这些数可以从下面的方程组求得

$$\begin{cases} d_1(\varphi_1, \varphi_1) + d_2(\varphi_1, \varphi_2) + \cdots + d_n(\varphi_1, \varphi_n) = (f, \varphi_1) \\ d_1(\varphi_2, \varphi_1) + d_2(\varphi_2, \varphi_2) + \cdots + d_n(\varphi_2, \varphi_n) = (f, \varphi_2) \\ \qquad\qquad\qquad\qquad \vdots \\ d_1(\varphi_n, \varphi_1) + d_2(\varphi_n, \varphi_2) + \cdots + d_n(\varphi_n, \varphi_n) = (f, \varphi_n) \end{cases}$$

此方程组有唯一的一组解，因为它的行列式便是线性无关的函数系 $\{\varphi_k(x)\}$ 的格拉姆行列式 Δ_n，而 $\Delta_n \neq 0$. 这一组唯一的解具有

$$d_i = \frac{\Delta_n^{(i)}}{\Delta_n}$$

的形式，其中 $\Delta_n^{(i)}$ 是把 Δ_n 的第 i 行换成自由项所得的行列式.

这样便把诸数 d_i 都求出来了. 现在我们来求积分(43)的最小值. 这个最小值便是

$$\rho_n = \int_a^b p(x) \left[f(x) - \sum_{i=1}^n \frac{\Delta_n^{(i)}}{\Delta_n} \varphi_i(x) \right]^2 dx$$

从而

$$\rho_n = \int_a^b p(x)\left[f(x) - \sum_{i=1}^n \frac{\Delta_n^{(i)}}{\Delta_n}\varphi_i(x)\right]f(x)\,\mathrm{d}x -$$

$$\sum_{k=1}^n \frac{\Delta_n^{(k)}}{\Delta_n}\int_a^b p(x)\left[f(x) - \sum_{i=1}^n \frac{\Delta_n^{(i)}}{\Delta_n}\varphi_i(x)\right]\varphi_k(x)\,\mathrm{d}x$$

根据引理,这里所写的第二个和等于 0,因而

$$\rho_n = (f,f) - \sum_{i=1}^n \frac{\Delta_n^{(i)}}{\Delta_n}(f,\varphi_i) \tag{46}$$

换句话说

$$\rho_n = \frac{1}{\Delta_n}\cdot\left\{(f,f)\Delta_n - \sum_{i=1}^n \begin{vmatrix} (\varphi_1,\varphi_1) & \cdots & (\varphi_1,\varphi_{i-1}) & (\varphi_1,f) & (\varphi_1,\varphi_{i+1}) & \cdots & (\varphi_1,\varphi_n) \\ (\varphi_2,\varphi_1) & \cdots & (\varphi_2,\varphi_{i-1}) & (\varphi_2,f) & (\varphi_2,\varphi_{i+1}) & \cdots & (\varphi_2,\varphi_n) \\ \vdots & & \vdots & \vdots & \vdots & & \vdots \\ (\varphi_n,\varphi_1) & \cdots & (\varphi_n,\varphi_{i-1}) & (\varphi_n,f) & (\varphi_n,\varphi_{i+1}) & \cdots & (\varphi_n,\varphi_n) \end{vmatrix}(f,\varphi_i)\right\}$$

容易理解,在括号内的式子系等于

$$D = \begin{vmatrix} (f,f) & (f,\varphi_1) & (f,\varphi_2) & \cdots & (f,\varphi_n) \\ (\varphi_1,f) & (\varphi_1,\varphi_1) & (\varphi_1,\varphi_2) & \cdots & (\varphi_1,\varphi_n) \\ \vdots & \vdots & \vdots & & \vdots \\ (\varphi_n,f) & (\varphi_n,\varphi_1) & (\varphi_n,\varphi_2) & \cdots & (\varphi_n,\varphi_n) \end{vmatrix}$$

它是函数系 $f(x),\varphi_1(x),\cdots,\varphi_n(x)$ 的格拉姆行列式.

实际上,把 D 按第一列的元素展开,便得

$$D = (f,f)\Delta_n + \sum_{i=1}^n (-1)^i (f,\varphi_i)\cdot$$

$$\begin{vmatrix} (\varphi_1,f) & (\varphi_1,\varphi_1) & \cdots & (\varphi_1,\varphi_{i-1}) & (\varphi_1,\varphi_{i+1}) & \cdots & (\varphi_1,\varphi_n) \\ (\varphi_2,f) & (\varphi_2,\varphi_1) & \cdots & (\varphi_2,\varphi_{i-1}) & (\varphi_2,\varphi_{i+1}) & \cdots & (\varphi_2,\varphi_n) \\ \vdots & \vdots & & \vdots & \vdots & & \vdots \\ (\varphi_n,f) & (\varphi_n,\varphi_1) & \cdots & (\varphi_n,\varphi_{i-1}) & (\varphi_n,\varphi_{i+1}) & \cdots & (\varphi_n,\varphi_n) \end{vmatrix}$$

如果把所得诸行列式的第一行移到第 i 行,那么就出现因子 $(-1)^{i-1}$,而这就正好化成括号中的表达式,所以

$$\rho_n = \frac{D}{\Delta_n}$$

若把函数系 $f_1,f_2,\cdots,f_n$ 的格拉姆行列式写成

$$\Delta(f_1,f_2,\cdots,f_n)$$

的形式,则所得结果又可以写成

$$\rho_n = \frac{\Delta(\varphi_1, \varphi_2, \cdots, \varphi_n, f)}{\Delta(\varphi_1, \varphi_2, \cdots, \varphi_n)}$$

这就是 $\varphi_k(x)$ 的线性组合与函数 $f(x)$ 的最小平方偏差的值.

定义 3.4　设函数系 $\Phi = \{\varphi(x)\}$ 中的函数都属于 $L_{p(x)}^2$,如果这个系中函数的线性组合构成的类在 $L_{p(x)}^2$ 内处处稠密,便称该函数系是基本的.

在直交系的情形中,基本系这概念显然与封闭性的概念是一致的,而这时它与完备性的概念是一样的.在一般情形也发生这种现象.

定理 3.5　可数的线性无关函数系是基本系的充要条件为它是完备的.

可以证明函数系的可数性与线性无关性并不是本质的东西,但是我们并不需要这种广义的定理.

为了证明定理,我们指出,函数系中诸函数的线性组合构成的类与用施米特标准化手续所求得的标准直交系中函数的线性组合构成的类是同一的,所以原始系是基本的这一性质与上述标准直交系是基本的(即封闭的)这性质是同等的.后者是封闭的充要条件为它是完备的,即原始系是完备的.

判别函数系是基本系的准则是对于 $L_{p(x)}^2$ 中的任何函数 $f(x)$,等式

$$\lim_{n \to \infty} \frac{\Delta(f, \varphi_1, \varphi_2, \cdots, \varphi_n)}{\Delta(\varphi_1, \varphi_2, \cdots, \varphi_n)} = 0 \tag{47}$$

都成立.然而,只要这个等式对于在 $L_{p(x)}^2$ 中处处稠密的某一个函数类 A 中的函数 $f(x)$ 都成立就完全足够了(因为在这对 $L_{p(x)}^2$ 中的任何函数都可以用 A 的元素来逼近,而 A 中元素又可用诸函数 $\varphi_k(x)$ 的线性组合来逼近).此外,如果等式(47)对属于某一个基本系的所有函数都成立,则函数系 $\{\varphi_1(x), \varphi_2(x), \varphi_3(x), \cdots\}$ 便是一个基本系.例如,函数系 $1, x, x^2, x^3, \cdots$ 是一个基本系,因为所有多项式构成的函数类在 $L_{p(x)}^2$ 内是处处稠密的.这就是说,如果函数系 $\{\varphi_k(x)\}$ 是这样的:当 $m = 0, 1, 2, 3, \cdots$ 时,都有

$$\lim_{n \to \infty} \frac{\Delta(x^m, \varphi_1, \varphi_2, \cdots, \varphi_n)}{\Delta(\varphi_1, \varphi_2, \cdots, \varphi_n)} = 0$$

的话,那么这个函数系是基本系.

§3　闵 次 定 理

闵次(Muntz)曾研究过这样的问题:对于怎样的非负整指数 $n_1 < n_2 <$

$n_3 < \cdots$，函数系 $x^{n_1}, x^{n_2}, x^{n_3}, \cdots$ 是 L^2 中的闭区间 $[0,1]$ 上的基本系（这时权函数 $p(x)$ 等于 1）. 据前面所述，其充要条件为，当 $m = 0, 1, 2, \cdots$ 时

$$\lim_{s \to \infty} \frac{\Delta(x^m, x^{n_1}, x^{n_2}, \cdots, x^{n_s})}{\Delta(x^{n_1}, x^{n_2}, \cdots, x^{n_s})} = 0 \tag{48}$$

若 n_i 中有一个与 m 相同，则当 $s \geqslant i$ 时

$$\Delta(x^m, x^{n_1}, x^{n_2}, \cdots, x^{n_s}) = 0$$

因而式(48)成立. 因此只需来考虑不和任何一个 n_i 相同的那些 m 值（否则的话，就表示 $\{n_i\}$ 包含了自然数的全部，而这时函数系 $\{x^{n_i}\}$ 显然是一个基本系；因此以后便将这种明显的情形除开）.

要研究闵次问题，需要辅助的柯西定理：

柯西定理　等式

$$
\begin{vmatrix}
\dfrac{1}{a_1 + b_1} & \dfrac{1}{a_1 + b_2} & \cdots & \dfrac{1}{a_1 + b_n} \\
\dfrac{1}{a_2 + b_1} & \dfrac{1}{a_2 + b_2} & \cdots & \dfrac{1}{a_2 + b_n} \\
\vdots & \vdots & & \vdots \\
\dfrac{1}{a_n + b_1} & \dfrac{1}{a_n + b_2} & \cdots & \dfrac{1}{a_n + b_n}
\end{vmatrix}
= \frac{\prod\limits_{i > k} (a_i - a_k)(b_i - b_k)}{\prod\limits_{i,k} (a_i + b_k)} \tag{49}
$$

是成立的.

要证明此定理，应当从行列式的前 $n-1$ 列中减去最后一列，然后，把因子

$$\frac{\prod\limits_{i=1}^{n-1} (a_n - a_i)}{(a_n + b_1)(a_n + b_2) \cdots (a_n + b_n)}$$

提到行列式外面来并由所得行列式的前 $n-1$ 行中减去最末一行. 这就使得能把因子

$$\frac{\prod\limits_{i=1}^{n-1} (b_n - b_i)}{(a_1 + b_n)(a_2 + b_n) \cdots (a_{n-1} + b_n)}$$

提到行列式外面来，以后行列式的阶数便降低一次. 重复使用这种方法我们就得到等式(49). 计算的细节请读者完成.

现在转到闵次问题上来，我们指出

$$(x^p, x^q) = \int_0^1 x^{p+q} \mathrm{d}x = \frac{1}{p+q+1}$$

从而

$$\Delta(x^{n_1},x^{n_2},\cdots,x^{n_s}) = \begin{vmatrix} \dfrac{1}{n_1+n_1+1} & \dfrac{1}{n_1+n_2+1} & \cdots & \dfrac{1}{n_1+n_s+1} \\[2mm] \dfrac{1}{n_2+n_1+1} & \dfrac{1}{n_2+n_2+1} & \cdots & \dfrac{1}{n_2+n_s+1} \\[2mm] \vdots & \vdots & & \vdots \\[2mm] \dfrac{1}{n_s+n_1+1} & \dfrac{1}{n_s+n_2+1} & \cdots & \dfrac{1}{n_s+n_s+1} \end{vmatrix}$$

而根据公式(49)

$$\Delta(x^{n_1},x^{n_2},\cdots,x^{n_s}) = \frac{\prod\limits_{i>k}(n_i-n_k)^2}{\prod\limits_{i,k}(n_i+n_k+1)}$$

仿此

$$\Delta(x^m,x^{n_1},x^{n_2},\cdots,x^{n_s})$$

$$= \frac{\prod\limits_{i>k}(n_i-n_k)^2 \prod\limits_{i=1}^{s}(m-n_i)^2}{\prod\limits_{i,k}(n_i+n_k+1) \prod\limits_{i=1}^{s}(m+n_i+1)^2}\frac{1}{2m+1}$$

从而

$$\frac{\Delta(x^m,x^{n_1},\cdots,x^{n_s})}{\Delta(x^{n_1},\cdots,x^{n_s})} = \frac{1}{2m+1}\prod\limits_{i=1}^{s}\left(\frac{m-n_i}{m+n_i+1}\right)^2$$

因而等式(48)可以写成

$$\lim_{s\to\infty}\prod_{i=1}^{s}\frac{n_i-m}{n_i+m+1} = 0 \tag{50}$$

由于我们把 m 和某一个 n_i 相同的情形除去了,所以,对于任何 s,等式(50)中的乘积都异于 0;另外,数 n_i 是无限增大的. 所以,当作是对于所有 i 都是 $n_i >m$ 也并无损于普遍性,因为不然的话,我们只需去掉有限个因子.

等式(50)可以写成

$$\lim_{s\to\infty}\left[\sum_{i=1}^{s}\ln\left(1-\frac{m}{n_i}\right) - \sum_{i=1}^{s}\ln\left(1+\frac{m+1}{n_i}\right)\right] = -\infty \tag{51}$$

若级数[①]

---

① 不言而喻,当 $n_1 = 0$ 时,级数(52)便从 $i = 2$ 开始求和.

$$\sum_{i=1}^{+\infty} \frac{1}{n_i} \qquad (52)$$

发散,则

$$\sum_{i=1}^{+\infty} \ln\left(1 - \frac{m}{n_i}\right) = -\infty, \quad \sum_{i=1}^{+\infty} \ln\left(1 + \frac{m+1}{n_i}\right) = +\infty \qquad (53)$$

因而式(51)成立. 如果级数(52)收敛,则级数(53)也都收敛,于是式(51)便不成立,因此便证明了.

定理 3.6(闵次) 带非负整指数

$$n_1 < n_2 < n_3 < \cdots$$

的函数系

$$x^{n_1}, x^{n_2}, x^{n_3}, \cdots$$

在 $L^2([0,1])$ 内是一个基本系的充要条件为级数

$$\sum_{i=1}^{+\infty} \frac{1}{n_i}$$

发散.

与此结果紧密相关,我们可以得到闵次的另一个定理. 它解决了以下的问题:非负整指数 $\{n_i\}$($n_0 < n_1 < n_2 < \cdots$)的集合应当是怎样才能用多项式

$$\sum_{i=0}^{s} c_i x^{n_i} \qquad (54)$$

一致逼近在 $[0,1]$ 上连续的任一函数到任意的精确度.

如果集合 $\{n_i\}$ 具有这样的性质,则说函数系 $\{x^{n_i}\}$ 是 $C([0,1])$ 内的一个基本系.

定理 3.7(闵次) 欲函数系 $\{x^{n_i}\}$($n_0 < n_1 < n_2 < \cdots$)是 $C([0,1])$ 的一个基本系,其充要条件为 $n_0 = 0$ 且级数

$$\sum_{i=1}^{+\infty} \frac{1}{n_i} \qquad (55)$$

是发散的.

只需注意到当 $n_0 > 0$ 时,所有的多项式(54)在点 $x = 0$ 处便都要等于 0,因此用它就不可能逼近使 $f(0) \neq 0$ 的这样的连续函数,于是便推出了条件 $n_0 = 0$ 的必要性来. 其次,若函数系 $\{x^{n_i}\}$ 是 $C([0,1])$ 中的基本系,于是,它更是[1]

---

① 因为函数类 $C([0,1])$ 在 $L^2([0,1])$ 内是处处稠密的.

$L^2([0,1])$ 中的基本系,所以根据前述定理(55)发散.

转到证明条件的充分性上来.我们假定这两个条件都成立.

若 $i \geqslant 2$,则 $n_i > 1$.级数(55)与级数

$$\sum_{i=2}^{+\infty} \frac{1}{n_i - 1}$$

同时发散,因而函数系 $\{x^{n_i-1}\}(i > 2)$ 是 $L^2([0,1])$ 中的基本系.当 $i \geqslant 1$ 时更是这样.

指出了这点以后,任取一自然数 m 和 $\varepsilon > 0$.由于函数 x^{m-1} 属于 $L^2([0,1])$,因而存在这样的系数 α_i,使得

$$\int_0^1 \Big[x^{m-1} - \sum_{i=1}^s \alpha_i x^{n_i-1} \Big]^2 \mathrm{d}x < \frac{\varepsilon^2}{m^2}$$

从而,由布尼亚柯夫斯基不等式便知,当 $0 \leqslant x \leqslant 1$ 时有

$$\int_0^x \Big| x^{m-1} - \sum_{i=1}^s \alpha_i x^{n_i-1} \Big| \mathrm{d}x < \frac{\varepsilon}{m}$$

而这就表示更加有

$$\Big| x^m - \sum_{i=1}^s \frac{m}{n_i} \alpha_i x^{n_i} \Big| < \varepsilon$$

于是,用多项式(54)可以逼近任一幂函数 $x^m (m > 0)$.但是,由于 $n_0 = 0$,那么条件 $m > 0$ 便不重要了,因而用(54)型的多项式可以逼近任一多项式到任意的精确度.接下来只需指出,任一连续函数都可以用多项式逼近到任意精确的程度.

直交多项式的一般性质

第四章

§1 基 本 定 义

幂函数系 $\{x^k\}$ $(k=0,1,2,\cdots)$ 在任一闭区间 $[a,b]$ 上都是线性无关的. 因此, 按照施米特定理, 对于每一个权函数都可以把它直交化. 我们来讲一下看来是由前述一般讨论发展出来的一些问题.

在施米特定理中, 原始函数系的格拉姆行列式起着重要的作用, 如果引用记号

$$\int_a^b p(x)x^n\mathrm{d}x = \mu_n \quad (n=0,1,2,\cdots)$$

(这些数叫作权函数 $p(x)$ 的矩量), 那么便有

$$(x^p,x^q) = \int_a^b p(x)x^{p+q}\mathrm{d}x = \mu_{p+q}$$

因此, 格拉姆行列式[①]

$$\Delta_n = \begin{vmatrix} (1,1) & (1,x) & \cdots & (1,x^n) \\ (x,1) & (x,x) & \cdots & (x,x^n) \\ \vdots & \vdots & & \vdots \\ (x^n,1) & (x^n,x) & \cdots & (x^n,x^n) \end{vmatrix}$$

---

① 这个行列式是 $n+1$ 阶的. 因此, 在这里所用的记号实质上与前面使用的记号并无区别, 以前 Δ_n 是 n 阶的行列式.

便呈下形

$$\Delta_n = \begin{vmatrix} \mu_0 & \mu_1 & \cdots & \mu_n \\ \mu_1 & \mu_2 & \cdots & \mu_{n+1} \\ \vdots & \vdots & & \vdots \\ \mu_n & \mu_{n+1} & \cdots & \mu_{2n} \end{vmatrix} \tag{56}$$

其次,第 3 章 §1 引理中的函数 $\psi_n(x)$ 现在具有下面的形式

$$\psi_n(x) = \begin{vmatrix} \mu_0 & \mu_1 & \cdots & \mu_{n-1} & 1 \\ \mu_1 & \mu_2 & \cdots & \mu_n & x \\ \vdots & \vdots & & \vdots & \vdots \\ \mu_n & \mu_{n+1} & \cdots & \mu_{2n-1} & x^n \end{vmatrix}$$

而构成标准直交系的函数 $\omega_n(x)$ 是

$$\omega_0(x) = \frac{1}{\sqrt{\Delta_0}} \quad (\Delta_0 = \mu_0)$$

$$\omega_n(x) = \frac{1}{\sqrt{\Delta_{n-1}\Delta_n}} \begin{vmatrix} \mu_0 & \mu_1 & \cdots & \mu_{n-1} & 1 \\ \mu_1 & \mu_2 & \cdots & \mu_n & x \\ \vdots & \vdots & & \vdots & \vdots \\ \mu_n & \mu_{n+1} & \cdots & \mu_{2n+1} & x^n \end{vmatrix} \quad (n=1,2,\cdots) \tag{57}$$

我们指出,$\omega_n(x)$ 是一个多项式,它的次数正好是 n,因为在 $\omega_n(x)$ 中,x^n 的系数等于

$$\sqrt{\frac{\Delta_{n-1}}{\Delta_n}} \neq 0$$

这样一来,前面证明的施米特定理便呈下形:

定理 4.1 不论定义在 $[a,b]$ 上的权函数 $p(x)$ 如何,都存在关于权 $p(x)$ 的标准直交多项式系

$$\omega_0(x),\omega_1(x),\omega_2(x),\cdots \tag{58}$$

其中的 $\omega_n(x)$ 为 n 次的多项式.

我们已经看出,多项式系(58)可以用公式(57)来确定.自然要问是否存在有关权 $p(x)$ 的标准直交系,它与由公式(57)所构成的不同?因为用 -1 乘函数系(58)中的某一个或某些个函数时标准直交性仍然保留,所以,显然没有完

全的唯一性.然而,如果固定所考虑的诸多项式中最高次项系数的符号[①],并要求系中的第 n 个多项式正好是 n 次的,则将有唯一的标准直交系(58).为此,需要下面简单的引理:

引理 4.1 设多项式系

$$Q_0(x), Q_1(x), Q_2(x), \cdots$$

中的多项式 $Q_n(x)$ 正好是 n 次,则每一个次数 $m \geqslant 0$ 的多项式 $P(x)$ 都可以依唯一的方式表示成

$$P(x) = \alpha_0 Q_0(x) + \alpha_1 Q_1(x) + \cdots + \alpha_m Q_m(x) \tag{59}$$

的形式.

实际上,设

$$Q_n(x) = q_0^{(n)} + q_1^{(n)} x + \cdots + q_n^{(n)} x^n \quad (q_n^{(n)} \neq 0)$$

$$P(x) = p_0 + p_1 x + \cdots + p_m x^m$$

则等式(59)成立的充要条件为

$$\begin{cases} \alpha_m q_m^{(m)} = p_m \\ \alpha_{m-1} q_{m-1}^{(m-1)} + \alpha_m q_{m-1}^{(m)} = p_{m-1} \\ \quad\quad \vdots \\ \alpha_0 q_0^{(0)} + \alpha_1 q_0^{(1)} + \cdots + \alpha_m q_0^{(m)} = p_0 \end{cases}$$

这些方程便可以用来依次(并依唯一的方式)求得诸系数 $\alpha_m, \alpha_{m-1}, \cdots, \alpha_0$.

定理 4.2 设多项式系

$$\varphi_0(x), \varphi_1(x), \varphi_2(x), \cdots$$

对权函数 $p(x)$ 是标准直交的,而多项式 $\varphi_n(x)$ 正好是 n 次且最高次项系数又是正的,则

$$\varphi_n(x) = \omega_n(x)$$

其中 $\omega_n(x)$ 系由公式(57)所确定.

实际上据引理知

$$\varphi_n(x) = \alpha_0 \omega_0(x) + \alpha_1 \omega_1(x) + \cdots + \alpha_n \omega_n(x) \tag{60}$$

而据同一引理,多项式 $\omega_0(x), \omega_1(x), \cdots, \omega_{n-1}(x)$ 都可以表示成 $\varphi_0(x)$, $\varphi_1(x), \cdots, \varphi_{n-1}(x)$ 的线性组合,因而都和 $\varphi_n(x)$ 直交.依次用 $p(x)\omega_0(x)$,

----

① 多项式(57)的最高系数是正的.

$p(x)\omega_1(x),\cdots,p(x)\omega_{n-1}(x)$ 乘表达式(60) 并求积分便得

$$\alpha_0 = \alpha_1 = \cdots = \alpha_{n-1} = 0$$

这就表示 $\varphi_n(x) = \alpha_n\omega_n(x)$, 从而

$$\int_a^b p(x)\varphi_n^2(x)\mathrm{d}x = \alpha_n^2\int_a^b p(x)\omega_n^2(x)\mathrm{d}x$$

而这些积分都等于 1, 因此 $\alpha_n = +1$. 由于 $\varphi_n(x)$ 与 $\omega_n(x)$ 中的最高次项系数的符号相同, 故 $\alpha_n = +1$; 定理证完.

由前面证明的引理还可以推出一个重要结果. 即, 每一个多项式都是式 (58) 中多项式的线性组合. 这就是说, 帕斯瓦尔等式对于每一个多项式都成立, 从而根据斯捷克洛夫定理便得:

定理 4.3 标准直交系(58) 是封闭的.

推论 幂函数系 $1, x, x^2, x^3, \cdots$ 是完备的.

而由第三章 §2 末的推理, 这个推论是显而易见的.

因为次数不高于 n 的所有多项式的集合 H_n 与多项式 $\omega_0(x), \omega_1(x), \cdots, \omega_n(x)$ 的所有线性组合相同, 则由第二章的一般托普勒定理便导出以下的结果:

定理 4.4 设 $f(x)$ 是给定在 $L_{p(x)}^2$ 中的函数, 则在不高于 n 次的所有多项式 $P(x)$ 中, 使积分

$$\int_a^b p(x)[f(x) - P(x)]^2\mathrm{d}x \tag{61}$$

达其最小值的是而且也只是傅里叶和

$$S_n(x) = \sum_{k=0}^n c_k\omega_k(x) \quad \left(c_k = \int_a^b p(x)f(x)\omega_k(x)\mathrm{d}x\right)$$

这样一来, 如果取积分(61) 而不像在本书第一篇中取

$$\max | f(x) - P(x) |$$

来作为多项式与所给函数偏差的度量, 则用多项式最佳逼近所给函数的问题就可以极其简单地解决了.

我们来谈一谈积分(61) 的最小值. 据一般的公式(28), 可知

$$\int_a^b p(x)[f(x) - S_n(x)]^2\mathrm{d}x = \int_a^b p(x)f^2(x)\mathrm{d}x - \sum_{k=0}^n c_k^2$$

在另一方面, 多项式系(58) 是封闭的

$$\int_a^b p(x)f^2(x)\mathrm{d}x = \sum_{k=0}^{+\infty} c_k^2$$

因而

$$\int_a^b p(x)\big[f(x)-S_n(x)\big]^2\,\mathrm{d}x = \sum_{k=n+1}^{+\infty} c_k^2$$

多项式 $\omega_n(x)$ 除了定理 4.4 中所述的以外还具有一个极界性质:

定理 4.5 在最高次项系数为 1 的所有 n 次多项式中,使积分

$$\int_a^b p(x)P^2(x)\,\mathrm{d}x \tag{62}$$

达其最小值的是而且也只是多项式[①]

$$P(x) = \sqrt{\frac{\Delta_n}{\Delta_{n-1}}}\,\omega_n(x) \tag{63}$$

实际上,根据引理,最高次项系数为 1 的任一个 n 次多项式都具有

$$P(x) = \alpha_0\omega_0(x) + \cdots + \alpha_{n-1}\omega_{n-1}(x) + \sqrt{\frac{\Delta_n}{\Delta_{n-1}}}\,\omega_n(x) \tag{64}$$

的形式,反之,每一个这种线性组合也都是最高次项系数为 1 的 n 次多项式. 因此选择多项式 $P(x)$ 就等同于选择系数 $\alpha_0,\alpha_1,\cdots,\alpha_{n-1}$.

因为根据帕斯瓦尔公式,对于多项式(64)

$$\int_a^b p(x)P^2(x)\,\mathrm{d}x = \sum_{k=0}^{n-1} \alpha_k^2 + \frac{\Delta_n}{\Delta_{n-1}}$$

于是显然可知,当且仅当

$$\alpha_0 = \alpha_1 = \cdots = \alpha_{n-1} = 0$$

时才得到积分(62)的最小值.

以后我们要研究不是标准的直交多项式系. 这种多项式系可以由给定多项式的最高次项的系数唯一决定.

定理 4.6 设

$$\varphi_0(x),\varphi_1(x),\varphi_2(x),\cdots$$

是对权函数 $p(x)$ 的直交系,其中的 $\varphi_n(x)$ 是次数正好为 n 次的多项式. 若 $\varphi_n(x)$ 的最高次项系数为 $K_n(n=0,1,2,\cdots)$,则将有

$$\varphi_0(x) = K_0,\ \varphi_n(x) = K_n\sqrt{\frac{\Delta_n}{\Delta_{n-1}}}\,\omega_n(x) \quad (n \geqslant 1) \tag{65}$$

实际上,$\varphi_0(x)$ 的值是显而易见的. 当 $n \geqslant 1$ 时,$\varphi_n(x)$ 的表达式可以像在定

---

① 可以对 $P(x)$ 的系数作其他限制以代替固定最高次项的系数.

理 4.2 中那样根据 $\varphi_n(x)$ 与 $\omega_0(x),\omega_1(x),\cdots,\omega_{n-1}(x)$ 的直交性来确定. 对于 $K_n = 1(n = 0,1,2,\cdots)$ 这一特例,我们将使用记号[1]

$$\tilde{\omega}_0(x) = 1, \tilde{\omega}_n(x) = \sqrt{\frac{\Delta_n}{\Delta_{n-1}}} \omega_n(x) \tag{66}$$

由公式(65)便得

$$\Lambda_0 = \int_a^b p(x)\varphi_0^2(x)\mathrm{d}x = K_0^2 \Delta_0$$

$$A_n = \int_a^b p(x)\varphi_n^2(x)\mathrm{d}x = K_n^2 \frac{\Delta_n}{\Delta_{n-1}} \tag{67}$$

(我们要记住,在非标准直交系的傅里叶系数中即有这些数 A_n).

最后我们指出,实际来作函数系(58)求诸数 Δ_n 时,根本就不需要知道权函数 $p(x)$,而只要知道了它的矩量就可以了. 因为公式(56)与(57)中只有它们.

§2 　直交多项式的根、递推公式

定理 4.7 多项式 $\omega_n(x)$ 的所有根都是单实根并都在开区间 (a,b) 的内部.

首先我们假定在开区间 (a,b) 内多项式 $\omega_n(x)$ 没有奇重根,则多项式 $\omega_n(x)$ 在闭区间 $[a,b]$ 上不变号. 而由下面等式表示的 $\omega_n(x)$ 与 $\omega_0(x)=$ 常数的直交性

$$\int_a^b p(x)\omega_n(x)\mathrm{d}x = 0$$

不可能成立. 因此,在开区间 (a,b) 内部必然有奇重根. 设其个数为 $r,r < n$,并设 $\xi_1,\xi_2,\cdots,\xi_r$ 是这些根. 令

$$Q(x) = (x - \xi_1)(x - \xi_2)\cdots(x - \xi_r)$$

多项式 $Q(x)$ 是 r 次,所以它与 $\omega_n(x)$ 直交(因为它可以表示成 $\omega_0,\omega_1,\cdots,\omega_r$ 的线性组合);这就是说,应当有

$$\int_a^b p(x)Q(x)\omega_n(x)\mathrm{d}x = 0$$

而这是不可能的,因为乘积 $Q(x)\omega_n(x)$ 在 (a,b) 内只有偶重根,它在 $[a,b]$ 上不

---

[1]　根据所知,这样方便的记号系出于冈恰洛夫(В. Л. Гончаров).

变号,因此 $r=n$. 其余便无需解释了.

定理 4.8 三个相邻的多项式 $\tilde{\omega}_{n+2}(x), \tilde{\omega}_{n+1}(x)$ 与 $\tilde{\omega}_n(x)$ 之间有递推关系

$$\tilde{\omega}_{n+2}(x)=(x-\alpha_{n+2})\tilde{\omega}_{n+1}(x)-\lambda_{n+1}\tilde{\omega}_n(x) \quad (n=0,1,2,\cdots) \tag{68}$$

其中 α_{n+2} 与 λ_{n+1} 为某些常数.

我们要记住,由公式(66)定义的多项式 $\tilde{\omega}_n(x)$,其最高次项系数为 1.

为了证明,我们来考虑乘积 $x\tilde{\omega}_{n+1}(x)$. 因为它是 $n+2$ 次的多项式,所以可以表示成

$$x\tilde{\omega}_{n+1}(x)=c_0\tilde{\omega}_0(x)+c_1\tilde{\omega}_1(x)+\cdots+c_{n+2}\tilde{\omega}_{n+2}(x) \tag{69}$$

的形式.

比较最高次项的系数便证明 $c_{n+2}=1$. 其次,用 $p(x)\tilde{\omega}_k(x)$ 来乘等式(69),其中 $k<n$,并积分所得等式.

因为乘积 $x\tilde{\omega}_k(x)$ 为低于 $n+1$ 次的多项式,故左端为 0,右端只剩下一项

$$c_k\int_a^b p(x)\tilde{\omega}_k^2(x)\mathrm{d}x$$

因为据 $\{\tilde{\omega}_n(x)\}$ 的直交性其余的都消失了;所以 $c_k=0$,这样一来

$$c_0=c_1=\cdots=c_{n-1}=0$$

而等式(69)便呈下形

$$x\tilde{\omega}_{n+1}(x)=c_n\tilde{\omega}_n(x)+c_{n+1}\tilde{\omega}_{n+1}(x)+\tilde{\omega}_{n+2}(x)$$

若令 $c_n=\lambda_{n+1}, c_{n+1}=\alpha_{n+2}$,它便与式(68)完全等价.

如果在式(68)中把多项式 $\tilde{\omega}_n(x)$ 换成它的表达式(66),则可以得到多项式(58)的递推公式[①]

$$\sqrt{\frac{\Delta_{n+2}}{\Delta_{n+1}}}\omega_{n+2}(x)$$

$$=(x-\alpha_{n+2})\sqrt{\frac{\Delta_{n+1}}{\Delta_n}}\omega_{n+1}(x)-\lambda_{n+1}\sqrt{\frac{\Delta_n}{\Delta_{n-1}}}\omega_n(x) \tag{70}$$

由于这一公式非常麻烦,在以后我们常常使用公式(68).

在式(68)中出现的数 α_{n+2} 与 λ_{n+1} 很容易确定. 那就是,若用 $p(x)\tilde{\omega}_{n+1}(x)$ 来乘式(68)并求积分,则有

$$\int_a^b p(x)(x-\alpha_{n+2})\tilde{\omega}_{n+1}^2(x)\mathrm{d}x=0$$

---

① 要想公式(70)对于 $n=0$ 时也适用,需要令 $\Delta_{-1}=1$.

从而得

$$\alpha_{n+2} = \frac{\int_a^b p(x) x \tilde{\omega}_{n+1}^2(x) \,\mathrm{d}x}{\int_a^b p(x) \tilde{\omega}_{n+1}^2(x) \,\mathrm{d}x} \tag{71}$$

最后这个公式,当分子的积分号下的 x 换成 b 时其值增大,因此 $\alpha_{n+2} < b$;同样有 $\alpha_{n+2} > a$,于是

$$a < \alpha_{n+2} < b \quad (n = 0, 1, 2, \cdots) \tag{72}$$

要确定 λ_{n+1},用 $p(x)\tilde{\omega}_n(x)$ 来乘式(68)并积分所得等式,结果是

$$\lambda_{n+1} \int_a^b p(x) \tilde{\omega}_n^2(x) \,\mathrm{d}x = \int_a^b p(x) x \tilde{\omega}_n(x) \tilde{\omega}_{n+1}(x) \,\mathrm{d}x$$

但是乘积 $x \tilde{\omega}_n(x)$ 可以表示成

$$x \tilde{\omega}_n(x) = \tilde{\omega}_{n+1}(x) + R(x)$$

的形式,其中的 $R(x)$ 为低于 $n+1$ 次的多项式,所以

$$\int_a^b p(x) R(x) \tilde{\omega}_{n+1}(x) \,\mathrm{d}x = 0$$

因此

$$\lambda_{n+1} = \frac{\int_a^b p(x) \tilde{\omega}_{n+1}^2(x) \,\mathrm{d}x}{\int_a^b p(x) \tilde{\omega}_n^2(x) \,\mathrm{d}x} \tag{73}$$

由此就已经可以看出,对于所有的 n 有

$$\lambda_{n+1} > 0 \tag{74}$$

这个事实对以后极为重要,如果利用公式(67)的话,则式(73)呈下形

$$\lambda_{n+1} = \frac{\Delta_{n-1} \Delta_{n+1}}{\Delta_n^2} \tag{75}$$

若令 $\Delta_{-1} = 1$,则此关系对 $n = 0$ 也成立.

由于

$$\int_a^b p(x) x \tilde{\omega}_n(x) \tilde{\omega}_{n+1}(x) \,\mathrm{d}x = \int_a^b p(x) \tilde{\omega}_{n+1}^2(x) \,\mathrm{d}x$$

这种情况就使得便于估计 λ_{n+1}.那就是,若用 C 表示数 $|a|$ 与 $|b|$ 中的较大者

$$C = \max\{|a|, |b|\}$$

则

$$\int_a^b p(x) \tilde{\omega}_{n+1}^2(x) \,\mathrm{d}x \leqslant C \int_a^b p(x) |\tilde{\omega}_n(x)| |\tilde{\omega}_{n+1}(x)| \,\mathrm{d}x$$

借助于布尼亚柯夫斯基不等式，我们便得到

$$\int_a^b p(x) \mid \widetilde{\omega}_n(x) \mid \mid \widetilde{\omega}_{n+1}(x) \mid \mathrm{d}x$$

$$\leqslant \sqrt{\int_a^b p(x) \widetilde{\omega}_n^2(x) \mathrm{d}x} \sqrt{\int_a^b p(x) \widetilde{\omega}_{n+1}^2(x) \mathrm{d}x}$$

这就表示

$$\int_a^b p(x) \widetilde{\omega}_{n+1}^2(x) \mathrm{d}x$$

$$\leqslant C \sqrt{\int_a^b p(x) \widetilde{\omega}_n^2(x) \mathrm{d}x} \sqrt{\int_a^b p(x) \widetilde{\omega}_{n+1}^2(x) \mathrm{d}x}$$

这与式(73)结合在一起就得到了我们所感兴趣的估计式

$$\lambda_{n+1} \leqslant C^2$$

由定理 4.8 可得两个推论：

(1) 两个相邻的多项式 $\omega_{n+2}(x)$ 与 $\omega_{n+1}(x)$ 不能有公共根.

实际上，这样的公共根也应是多项式 $\omega_n(x)$ 的根，因而也是 $\omega_{n-1}(x)$ 的根，如此等等．依相同的推理，最后可知这个公共根也是"多项式" $\omega_0(x)$ 的根，这是不可能的，因为 $\omega_0(x)$ 是异于 0 的常数.

(2) 设 x_0 是多项式 $\omega_{n+1}(x)$ 的一个根，则 $\omega_{n+2}(x_0)$ 与 $\omega_n(x_0)$ 二数具有相反的符号.

实际上，由公式(70)便得出

$$\sqrt{\frac{\Delta_{n+2}}{\Delta_{n+1}}} \omega_{n+2}(x_0) = -\lambda_{n+1} \sqrt{\frac{\Delta_n}{\Delta_{n-1}}} \omega_n(x_0)$$

与式(74)合在一起便得到了所述结论.

定理 4.9 设 $n > 0$，则多项式 $\omega_n(x)$ 与 $\omega_{n+1}(x)$ 的根交互相间.

这个定理的精确意义是，在多项式 $\omega_n(x)$ 的根 $x_k^{(n)}$ 与多项式 $\omega_{n+1}(x)$ 的根 $x_k^{(n+1)}$ 之间有不等关系

$$a < x_1^{(n+1)} < x_1^{(n)} < x_2^{(n-1)} < \cdots < x_n^{(n+1)} < x_n^{(n)} < x_{n+1}^{(n+1)} < b$$

因此，在多项式 $\omega_{n+1}(x)$ 的相邻二根之间的区间

$$(x_1^{(n+1)}, x_2^{(n+1)}), (x_2^{(n+1)}, x_3^{(n+1)}), \cdots, (x_n^{(n+1)}, x_{n+1}^{(n+1)})$$

中的每一个内都正好包含 $\omega_n(x)$ 的一个根.

可以用数学归纳法来证明这个定理．那就是，先设 $n = 1$，$x_1^{(1)}$ 是多项式 $\omega_1(x)$ 唯一的根．这时

$$a < x_1^{(1)} < b$$

多项式 $\omega_0(x)$ 是一个正常数. 这就表示, 由前定理的推论(2), 数 $\omega_2(x_1^{(1)})$ 是负的; 在另外一面, 数 $\omega_2(a)$ 与 $\omega_2(b)$ 都是正的. 实际上, 多项式 $\omega_2(x)$ 的根 $x_1^{(2)}, x_2^{(2)}$ 都在区间 (a, b) 的内部, 因而 $\omega_2(a)$ 的符号与 $\omega_2(x)$ 在 $x = -\infty$ 时的符号相同. 而这个多项式是最高次项的系数为正的二次多项式, 故 $\omega_2(a) > 0$. 同埋 $\omega_2(b)$ 亦然.

于是, 闭区间 $[a, x_1^{(1)}]$, $[x_1^{(1)}, b]$ 的每一个都具有相同的性质, 即 $\omega_2(x)$ 在它们的端点处有相异的符号. 从而, 不需进一步地说明便可看出

$$a < x_1^{(2)} < x_1^{(1)} < x_2^{(2)} < b$$

这样一来, 定理在 $n = 1$ 时便证明了.

为了以后的关系现在我们指出, 对所有的 n 都有 $\omega_n(b) > 0$, 而 $\omega_n(a)$, 当 n 为偶数时为正, 当 n 为奇数时为负. 这可以利用与对 $\omega_2(a)$ 所引用的相同的推理来确定.

现设定理对 n 的某一个值已经证明了.

我们记下诸点

$$a, x_1^{(n+1)}, x_2^{(n+1)}, x_3^{(n+1)}, \cdots, x_{n+1}^{(n+1)}, b$$

在点 a 处, 多项式 $\omega_{n+2}(x)$ 与 $\omega_n(x)$ 具有相同的符号, 而在点 $x_1^{(n+1)}$ 处符号相反. 但是在开区间 $(a, x_1^{(n+1)})$ 内多项式 $\omega_n(x)$ 没有根. 这就是说, $\omega_n(x_1^{(n+1)})$ 与 $\omega_n(a)$ 的符号相同. 因此, 当 x 从 a 变到 $x_1^{(n+1)}$ 时多项式 $\omega_{n+2}(x)$ 变号, 故在区间 $(a, x_1^{(n+1)})$ 内必有一根.

在点 $x_2^{(n+1)}$ 处多项式 $\omega_{n+2}(x)$ 与 $\omega_n(x)$ 也同号, 而多项式 $\omega_n(x)$ 在开区间 $(x_1^{(n+1)}, x_2^{(n+1)})$ 内又正好有一个单根, 这就表示, 当 x 从 $x_1^{(n+1)}$ 变到 $x_2^{(n+1)}$ 时它要改变符号. 从而知, $\omega_{n+2}(x)$ 也跟着变号, 因而要在开区间 $(x_1^{(n+1)}, x_2^{(n+1)})$ 内有根.

依类似的推理, 便可以证实 $\omega_{n+2}(x)$ 在诸开区间

$$(a, x_1^{(n+1)}), (x_1^{(n+1)}, x_2^{(n+1)}), \cdots, (x_{n+1}^{(n+1)}, b)$$

中的每一个内都有根. 而这些区间是 $n+2$ 个, 这正好与 $\omega_{n+2}(x)$ 的根数相同, 因此在每一个开区间内都正好有 $\omega_{n+2}(x)$ 的一个根. 这样一来, 若定理对 n 的某一个值为真, 则对 $n+1$ 亦真. 于是定理便证明了.

所举证明方法宜于用表来说明, 为确定计, 对偶数 n 来作下表

	a	$x_1^{(n+1)}$	$x_2^{(n+1)}$	$x_3^{(n+1)}$	$\cdots$	$x_n^{(n+1)}$	$x_{n+1}^{(n+1)}$	b
sign $\omega_n(x)$	+	+	−	+	$\cdots$	−	+	+
sign $\omega_{n+2}(x)$	+	−	+	−	$\cdots$	+	−	+

多项式 $\omega_n(x)$ 具有重要的代数性质,这性质与计算多项式根的个数时所用的施图姆函数的性质很相近.

设

$$\sigma_0,\sigma_1,\sigma_2,\sigma_3,\cdots,\sigma_n \tag{76}$$

为异于 0 的一些实数. 我们来计算数列中 σ_i 与 σ_{i+1} 异号有多少次,所得的数便叫作数列(76)的变号数. 换句话说,变号数便是乘积

$$\sigma_i\sigma_{i+1} \quad (i=0,1,2,\cdots,n-1)$$

为负数的个数.

如果在数列(76)中有 0,则将这些 0 去掉,我们来确定剩下的数列的变号数,并称此数为原数列(76)的变号数. 例如,在数列

$$0,2,3,-1,0,0,5,-2$$

中,其变号数依定义便是数列

$$2,3,-1,5,-2$$

的变号数,因而它等于 3.

由于在数列

$$\omega_0(a),\omega_1(a),\omega_2(a),\cdots,\omega_n(a)$$

中相邻二数都异号,故变号数便是 n;反之,在数列

$$\omega_0(b),\omega_1(b),\omega_2(b),\cdots,\omega_n(b)$$

中变号数为 0. 如果用 $\lambda(x)$ 来表示数列

$$\omega_0(x),\omega_1(x),\omega_2(x),\cdots,\omega_n(x) \tag{77}$$

中的变号数,则 $\lambda(a)=n,\lambda(b)=0$.

定理 4.10 多项式 $\omega_n(x)$ 在半开区间 $(\alpha,\beta]$ 内根的个数正好等于差

$$\lambda(\alpha)-\lambda(\beta)$$

先设在点 $x=\alpha$ 与 $x=\beta$ 处多项式(77)中无等于 0 者. 把多项式(77)中每一个多项式在 (α,β) 中的根都记下来

$$z_1,z_2,\cdots,z_m$$

若在每一个开区间 (z_i,z_{i+1}) 中选取一点 $y_i(i=1,2,\cdots,m-1)$ 并令 $y_0=\alpha,y_m=$

β,则有

$$\lambda(\alpha) - \lambda(\beta) = \sum_{i=0}^{m-1} [\lambda(y_i) - \lambda(y_{i+1})]$$

我们来仔细地讨论差 $\lambda(y_i) - \lambda(y_{i+1})$. 在点 y_i 与 y_{i+1} 处,多项式(77)中没有一个等于0,而在开区间 (y_i, y_{i+1}) 内有一点 z_{i+1},它是多项式(77)中某一个或某几个的根,并且 z_{i+1} 是具有这种性质的唯 的点,设

$$\omega_n(z_{i+1}) \neq 0$$

而

$$\omega_{k_1}(z_{i+1}) = \omega_{k_2}(z_{i+1}) = \cdots = \omega_{k_r}(z_{i+1}) = 0$$

要求出 $\lambda(y_i)$ 应当作所有乘积

$$\omega_0(y_i)\omega_1(y_i), \omega_1(y_i)\omega_2(y_i), \cdots, \omega_{n-1}(y_i)\omega_n(y_i)$$

并计算有多少个是负的;求 $\lambda(y_{i+1})$ 也同样. 但是,当 x 从 y_i 变到 y_{i+1} 时,只有多项式 $\omega_{k_1}(x), \omega_{k_2}(x), \cdots, \omega_{k_r}(x)$ 变号,这就表示变号的只可能是这样一些乘积

$$\omega_{k_1-1}(x)\omega_{k_1}(x), \omega_{k_1}(x)\omega_{k_1+1}(x)$$

$$\omega_{k_2-1}(x)\omega_{k_2}(x), \cdots, \omega_{k_r}(x)\omega_{k_r+1}(x)$$

每一个 $\omega_{k_s}(x)$ 都出现在两个这样乘积之中.

但是,诸数 $k_1 \pm 1, k_2 \pm 1, \cdots, k_r \pm 1$ 中没有一个是包含在 $k_1, k_2, \cdots, k_r$ 之内的,因为相邻的多项式没有公共根. 在另一方面,若 j 与 $k_1, k_2, \cdots, k_r$ 中任何一个都不相同,则三个数

$$\omega_j(y_i), \omega_j(z_{i+1}), \omega_j(y_{i+1})$$

都具有相同的符号,而由于

$$\omega_{k_1-1}(z_{i+1})\omega_{k_1+1}(z_{i+1}) < 0$$

所以在乘积

$$\omega_{k_1-1}(y_i)\omega_{k_1}(y_i), \omega_{k_1}(y_i)\omega_{k_1+1}(y_i)$$

中有且只有一个是负的,完全同样,乘积

$$\omega_{k_1-1}(y_{i+1})\omega_{k_1}(y_{i+1}), \omega_{k_1}(y_{i+1})\omega_{k_1+1}(y_{i+1})$$

中有且只有一个是负的.

这就表示,不论我们是对 $x = y_i$ 或 $x = y_{i+1}$ 来计算,包含因子 $\omega_{k_1}(x)$ 的乘积只有一个是负的. 对其余的多项式 $\omega_{k_2}(x), \cdots, \omega_{k_r}(x)$ 也一样. 因此,当 x 从 y_i 变到 y_{i+1} 时,乘积

$$\omega_k(x)\omega_{k+1}(x) \quad (k = 0, 1, 2, \cdots, n-1) \tag{78}$$

是负的共同数目不变,且

$$\lambda(y_i) = \lambda(y_{i+1})$$

现设

$$\omega_n(z_{i+1}) = 0$$

除了多项式 $\omega_n(x)$ 在点 z_{i+1} 处等于 0 外,可能还有一些多项式 $\omega_{k_1}(x), \cdots,$ $\omega_{k_r}(x)$ 在这点也等于 0,而和前面一样,可以证实积(78)中出现这些多项式的乘积为负数的个数当 x 从 y_i 变到 y_{i+1} 时不变.

至于乘积

$$\omega_{n-1}(x)\omega_n(x) \tag{79}$$

当 $x = y_i$ 时它是负的,而当 $x = y_{i+1}$ 时则是正的. 实际上,由于多项式 $\omega_{n-1}(x)$ 与 $\omega_n(x)$ 的根是交互相间的. 这就表示,多项式 $\omega_{n-1}(x)$ 与 $\omega_n(x)$ 在点 z_{i+1} 之左具有同样多的根. 当 x 经过这些根中的每一个时,乘积(79)都变号. 因此,当 x 从 $-\infty$ 变到 y_i 时,它变号偶数次. 当 $x = -\infty$ 时这个乘积是负的,这就是说,当 $x = y_i$ 时它也是负的. 当通过 z_{i+1} 时,它再变号一次就变成正的了.

因此,在所考虑的情形中

$$\lambda(y_i) - \lambda(y_{i+1}) = 1$$

这就表示,差 $\lambda(\alpha) - \lambda(\beta)$ 就等于 $\omega_n(x)$ 的根的那些 z_{i+1} 的个数.

接下来要考虑点 α 与 β 之中的一个或二者都是多项式(77)中某一个或某些个多项式的根的情形.

先假定这种"坏"点是 α. 我们取如此之小的 $h > 0$,使得在开区间 $(\alpha, \alpha+h)$ 内没有多项式(77)的根. 据所证,$\omega_n(x)$ 在开区间 $(\alpha+h, \beta)$ 内的根数(或者在闭区间 $[\alpha+h, \beta]$ 内也一样)等于差

$$\lambda(\alpha+h) - \lambda(\beta)$$

但是,多项式 $\omega_n(x)$ 的根落到区间 $(\alpha, \beta]$ 与 $(\alpha+h, \beta]$ 中的总数相同,故只需证明 $\lambda(\alpha) = \lambda(\alpha+h)$.

设在点 α 处等于 0 的多项式为 $\omega_{k_1}(x), \omega_{k_2}(x), \cdots, \omega_{k_r}(x)$,而 $\omega_n(x)$ 自己不是.

要算出 $\lambda(\alpha)$ 则需从数列

$$\omega_0(\alpha), \omega_1(\alpha), \omega_2(\alpha), \cdots, \omega_n(\alpha)$$

中去掉所有的 0 并对余下来的数作相邻二数的乘积后确定有多少个负的. 其中,所有乘积

$$\omega_{k_s-1}(\alpha)\omega_{k_s+1}(\alpha) \quad (s=1,2,\cdots,r)$$

都是负的，当变到 $x=\alpha+h$ 处时，这些乘积的每一个都变成两个

$$\omega_{k_s-1}(\alpha+h)\omega_{k_s}(\alpha+h),\omega_{k_s}(\alpha+h)\omega_{k_s+1}(\alpha+h)$$

其中有也只有一个是负的。其余所有乘积 $\omega_j(x)\omega_{j+1}(x)$ 无论对于 $x=\alpha$ 或 $x=\alpha+h$ 都同号。从而便知

$$\lambda(\alpha)=\lambda(\alpha+h)$$

若 $\omega_n(\alpha)=0$，则在计算 $\lambda(\alpha)$ 时乘积 $\omega_{n-1}(\alpha)\omega_n(\alpha)$ 没有了，而在计算 $\lambda(\alpha+h)$ 时，它虽然出现但却是正的，不影响 $\lambda(\alpha+h)$。这就是说仍然有 $\lambda(\alpha)=\lambda(\alpha+h)$。

若某些多项式(77)的根不是 α 而是 β，则可以完全用类似的方式来处理，即先考虑差 $\lambda(\alpha)-\lambda(\beta+h)$，它等于 $\omega_n(x)$ 在 $[\alpha,\beta]$ 内的根数，以后再证明等式 $\lambda(\beta)=\lambda(\beta+h)$。

末了，一般情形可以化为考虑过的情形，只需引进这样一点 $\gamma(\alpha<\gamma<\beta)$，(77)中没有一个多项式在这点等于 0。于是，$\omega_n(x)$ 在 $(\alpha,\beta]$ 内的根数就可以把差 $\lambda(\alpha)-\lambda(\gamma)$ 与 $\lambda(\gamma)-\lambda(\beta)$ 加起来而求得，这就完成了证明。

§3　与连分式理论的关系

设 x 是固定的，则商

$$\frac{\tilde{\omega}_n(t)-\tilde{\omega}_n(x)}{t-x} \quad (n>0)$$

便是 t 的 $n-1$ 次的整多项式。由该函数的对称性可知，它也是 x 的 $n-1$ 次多项式。这就表示，函数

$$\psi_n(x)=\int_a^b p(t)\frac{\tilde{\omega}_n(t)-\tilde{\omega}_n(x)}{t-x}\mathrm{d}t \quad (n>0) \tag{80}$$

也是 $n-1$ 次的多项式。

定理 4.11　我们有递推公式

$$\psi_{n+2}(x)=(x-\alpha_{n+2})\psi_{n+1}(x)-\lambda_{n+1}\psi_n(x) \quad (n=1,2,\cdots) \tag{81}$$

其中 α_{n+2} 与 λ_{n+1} 具有与公式(68)中的相同的值。

实际上，据式(68)

$$\tilde{\omega}_{n+2}(t)-\tilde{\omega}_{n+2}(x)=t\tilde{\omega}_{n+1}(t)-x\tilde{\omega}_{n+1}(x)-$$

$$\alpha_{n+2}\left[\tilde{\omega}_{n+1}(t) - \tilde{\omega}_{n+1}(x)\right] - \lambda_{n+1}\left[\tilde{\omega}_n(t) - \tilde{\omega}_n(x)\right]$$

从而

$$\tilde{\omega}_{n+2}(t) - \tilde{\omega}_{n+2}(x) = (t-x)\tilde{\omega}_{n+1}(t) +$$
$$(x - \alpha_{n+2})\left[\tilde{\omega}_{n+1}(t) - \tilde{\omega}_{n+1}(x)\right] - \lambda_{n+1}\left[\tilde{\omega}_n(t) - \tilde{\omega}_n(x)\right]$$

用 $t - x$ 除这个等式并用 $p(t)$ 乘所得结果,积分之,因为

$$\int_a^b p(t)\tilde{\omega}_{n+1}(t)\mathrm{d}t = 0$$

于是便得到式(81).如果约定

$$\psi_0(x) = 0$$

则公式(81)于 $n = 0$ 时仍真.

我们引用记号

$$\lambda_0 = \int_a^b p(x)\mathrm{d}x = \psi_1(x)$$

并用 α_1 表多项式 $\omega_1(x)$ 的根.在这种情形下,分式

$$\frac{\psi_n(x)}{\omega_n(x)} \tag{82}$$

便是连分式

$$\cfrac{\lambda_0}{x - \alpha_1 - \cfrac{\lambda_1}{x - \alpha_2 - \cfrac{\lambda_2}{x - \alpha_3 - \cdots}}} \tag{83}$$

的第 n 近似.

实际上,式(83)的第一近似为

$$\frac{\lambda_n}{x - \alpha_1} = \frac{\psi_1(x)}{\omega_1(x)}$$

第二近似为

$$\frac{\lambda_0}{x - \alpha_1 - \cfrac{\lambda_1}{x - \alpha_2}} = \frac{\psi_1(x)}{\tilde{\omega}_1(x) - \cfrac{\lambda_1}{x - \alpha_2}}$$
$$= \frac{(x - \alpha_2)\psi_1(x) - \lambda_1\psi_0(x)}{(x - \alpha_2)\omega_1(x) - \lambda_1\omega_0(x)}$$
$$= \frac{\psi_2(x)}{\omega_2(x)}$$

以后,根据连分式的一般性质即可证明所述论断.

定理 4.12(斯笛尔几斯(Stieltjes)) 设 x 是位于闭区间$[a,b]$外的实数,

则分式(83) 收敛并且其值为积分

$$\int_a^b \frac{p(t)\,\mathrm{d}t}{x-t} \tag{84}$$

证明[①]   为确定计,设 $x > b$. 我们来考虑 n 个变量 $z_1, z_2, \cdots, z_n$ 的函数

$$\Phi_n(z_1, z_2, \cdots, z_n)$$

$$=\int_a^b \lfloor 1 + z_1(x-t) + z_2(x-t)^2 + \cdots + z_n(x-t)^n \rfloor^2 \frac{p(t)\,\mathrm{d}t}{x-t}$$

并提出以下的问题:对于 $z_1, z_2, \cdots, z_n$ 的那些值,该函数有最小值.

这样的值一定存在且是唯一的,因为提出的问题便是求函数 $f(t) = -1$ 使用线性无关函数 $x-t, (x-t)^2, \cdots, (x-t)^n$ 的线性组合对权函数 $\dfrac{p(t)}{x-t}$ 的最佳平均逼近问题.

众所周知,所求的值 $z_1, z_2, \cdots, z_n$ 应当满足方程

$$\frac{\partial \Phi_n}{\partial z_1} = 0, \frac{\partial \Phi_n}{\partial z_2} = 0, \cdots, \frac{\partial \Phi_n}{\partial z_n} = 0$$

因此,设所求的值是 $\bar{z}_1, \bar{z}_2, \cdots, \bar{z}_n$,则

$$\frac{1}{2} \frac{\partial \Phi_n}{\partial z_i} = \int_a^b p(t) [1 + \bar{z}_1(x-t) + \cdots + \bar{z}_n(x-t)^n](x-t)^{i-1}\,\mathrm{d}t = 0$$

$$(i = 1, 2, \cdots, n) \tag{85}$$

为简单计,我们令

$$1 + \bar{z}_1(x-t) + \bar{z}_2(x-t)^2 + \cdots + \bar{z}_n(x-t)^n = H(t)$$

这时式(85) 就可表示成

$$\int_a^b p(t) H(t)(x-t)^{i-1}\,\mathrm{d}t = 0 \quad (i = 1, 2, \cdots, n)$$

把 i 换成 $1, 2, \cdots, n$ 容易证实

$$\int_a^b p(t) H(t) t^k\,\mathrm{d}t = 0 \quad (k = 0, 1, \cdots, n-1)$$

即 $H(t)$ 是一个 n 次多项式,它对于权 $p(t)$ 与 t 的所有较低乘幂都直交. 在这种情形下,$H(t)$ 只能与 $\tilde{\omega}_n(t)$ 相差一个常数因子.

于是

$$H(t) = C\tilde{\omega}_n(t)$$

———————————

①   另一个证明(同一作者) 参看本套书第三篇第五章 §3.

令 $t=x$，便得到

$$1 = \tilde{C}\tilde{\omega}_n(x)$$

从而

$$H(t) = \frac{\tilde{\omega}_n(t)}{\tilde{\omega}_n(x)}$$

因此函数 Φ_n 的最小值用 M_n 来表示便是

$$M_n = \int_a^b p(t)\left[\frac{\tilde{\omega}_n(t)}{\tilde{\omega}_n(x)}\right]^2 \frac{\mathrm{d}t}{x-t}$$

$$= \int_a^b p(t)\frac{\tilde{\omega}_n(t)}{\tilde{\omega}_n(x)}\left[1 + \sum_{i=1}^{n}\bar{z}_i(x-t)^i\right]\frac{\mathrm{d}t}{x-t}$$

但

$$\int_a^b p(t)\tilde{\omega}_n(t)(x-t)^{i-1}\mathrm{d}t = 0 \quad (i=1,2,\cdots,n)$$

这就表示

$$M_n = \int_a^b p(t)\frac{\tilde{\omega}_n(t)}{\tilde{\omega}_n(x)}\frac{\mathrm{d}t}{x-t} = \int_a^b p(t)\frac{\tilde{\omega}_n(t) - \tilde{\omega}_n(x) + \tilde{\omega}_n(x)}{(x-t)\tilde{\omega}_n(x)}\mathrm{d}t$$

从而

$$M_n = \int_a^b \frac{p(t)\mathrm{d}t}{x-t} - \frac{\psi_n(x)}{\omega_n(x)}$$

这样一来，问题就变成证明等式

$$\lim_{n\to\infty} M_n = 0 \tag{86}$$

为此目的我们来考虑

$$M_{n-1} = \min\{\Phi_{n-1}(z_1,z_2,\cdots,z_{n-1})\}$$

若用 $z_1^*,z_2^*,\cdots,z_{n-1}^*$ 来表示使 Φ_{n-1} 达其最小值的变量值，显然，对于任何 λ

$$0 \leqslant M_n \leqslant \int_a^b p(t)\{[1 + z_1^*(x-t) + \cdots + z_{n-1}^*(x-t)^{n-1}] \cdot$$

$$[1-\lambda(x-t)]\}^2 \frac{\mathrm{d}t}{x-t}$$

因为右端的积分是函数 Φ_n 的一个值.

于特例，令 $\lambda = \dfrac{1}{x-a}$ 并注意当 $a \leqslant t \leqslant b$ 时

$$0 \leqslant 1 - \frac{x-t}{x-a} \leqslant \frac{b-a}{x-a} = q < 1$$

我们便得

$$0 \leqslant M_n \leqslant q^2 \int_a^b p(t) [1 + z_1^*(x-t) + \cdots + z_{n-1}^*(x-t)^{n-1}]^2 \frac{dt}{x-t}$$

或者同样

$$0 \leqslant M_n \leqslant q^2 M_{n-1}$$

仿此

$$0 \leqslant M_{n-1} \leqslant q^2 M_{n-2}$$
$$\vdots$$
$$0 \leqslant M_2 \leqslant q^2 M_1$$

因而

$$0 \leqslant M_n \leqslant q^{2n-2} M_1$$

由此便推得式(86). 我们注意近似分式 $\dfrac{\psi_n(x)}{\omega_n(x)}$ 在任何与 $[a,b]$ 有正数距离的集合上都一致收敛于积分(84).

积分(84)还有一个有趣的展开式. 那就是, 若 $|t| < |x|$, 则

$$\frac{1}{1 - \dfrac{t}{x}} = \sum_{k=0}^{+\infty} \frac{t^k}{x^k}$$

如果[①]

$$|x| > \max\{|a|, |b|\}$$

的话, 那么这个级数对 $t \in [a,b]$ 一致收敛. 对于这样的 x 值, 有

$$\int_a^b \frac{p(t)}{x-t} dt = \frac{1}{x} \int_a^b \frac{p(t)}{1 - \dfrac{t}{x}} dt = \frac{1}{x} \int_a^b p(t) \left[\sum_{k=0}^{+\infty} \frac{t^k}{x^k} \right] dt$$

由于是一致收敛的, 便可以逐项积分, 因而

$$\int_a^b \frac{p(t)}{x-t} dt = \sum_{k=0}^{+\infty} \frac{1}{x^{k+1}} \int_a^b p(t) t^k dt \tag{87}$$

右端的积分是权函数 $p(t)$ 的矩量, 因而最后便得

$$\int_a^b \frac{p(t)}{x-t} dt = \sum_{k=0}^{+\infty} \frac{\mu_k}{x^{k+1}}$$

定理 4.13 近似分式 $\dfrac{\psi_n(x)}{\omega_n(x)}$ 具有以下的性质: 极限

---

① 实际上, 若 $C = \max\{|a|, |b|\}$, 则 $[a,b] \subset [-C, C]$; 而当 $t \in [a,b]$ 时, 将有 $|t| \leqslant C$.

$$\lim_{x \to +\infty} x^{2n+1} \left[\int_a^b \frac{p(t)}{x-t} dt - \frac{\psi_n(x)}{\omega_n(x)} \right] \tag{88}$$

存在并且有限,而且这个分式是具有这种性质的分母不高于 n 次的唯一的有理分式.

实际上,从 $\psi_n(x)$ 的表达式可得

$$\int_a^b \frac{p(t)}{x-t} dt - \frac{\psi_n(x)}{\omega_n(x)} = \frac{1}{\omega_n(x)} \int_a^b p(t) \frac{\widetilde{\omega}_n(t)}{x-t} dt$$

像对等式(87)那样,我们可以证实,对于充分大的 x 有

$$\int_a^b \frac{p(t)\widetilde{\omega}_n(t)}{x-t} dt = \sum_{k=0}^{+\infty} \frac{1}{x^{k+1}} \int_a^b p(t)\widetilde{\omega}_n(t) t^k dt$$

但是,当 $k < n$ 时,函数 t^k 与 $\omega_n(t)$ 对权 $p(t)$ 是直交的,因而

$$\int_a^b \frac{p(t)}{x-t} dt - \frac{\psi_n(x)}{\omega_n(x)} = \frac{1}{\omega_n(x)} \left[\frac{c_n}{x^{n+1}} + \frac{c_{n+1}}{x^{n+2}} + \cdots \right]$$

因为

$$\lim_{x \to +\infty} \frac{x^n}{\omega_n(x)} = 1$$

故极限(88)存在并且等于 c_n.

我们还要指出

$$t^n = \widetilde{\omega}_n(t) + \rho(t)$$

其中 $\rho(t)$ 的次数低于 n,所以

$$c_n = \int_a^b p(t)\widetilde{\omega}_n(t) t^n dt = \int_a^b p(t)\widetilde{\omega}_n^2(t) dt = \frac{\Delta_n}{\Delta_{n-1}}$$

接下来要确定具有所述性质的其他有理函数是不存在的,而如果

$$\frac{h(x)}{q(x)} \quad (q(x) = a_0 x^n + a_1 x^{n-1} + \cdots)$$

是一个这样的函数,则应当存在有限的极限

$$\lim_{x \to +\infty} x^{2n+1} \left[\frac{h(x)}{q(x)} - \frac{\psi_n(x)}{\omega_n(x)} \right]$$

在另一方面,必定存在有限的极限

$$\lim_{x \to +\infty} \frac{q(x)\widetilde{\omega}_n(x)}{x^{2n}} = a_0$$

因此,应当存在着有限的极限

$$\lim_{x \to +\infty} x \left[h(x)\widetilde{\omega}_n(x) - q(x)\psi_n(x) \right]$$

然而,这只有在

$$h(x)\tilde{\omega}_n(x) - q(x)\psi_n(x) = 0$$

时才有可能,所以分式 $\dfrac{h(x)}{q(x)}$ 必须与所述近似分式相同.

我们指出,分式 $\dfrac{\psi_n(x)}{\omega_n(x)}$ 是不可约的.实际上,由递推公式(68)与(81)便得

$$\psi_{n+1}(x) = (x - \alpha_{n+1})\psi_n(x) - \lambda_n\psi_{n-1}(x)$$

$$\tilde{\omega}_{n+1}(x) = (x - \alpha_{n+1})\tilde{\omega}_n(x) - \lambda_n\tilde{\omega}_{n-1}(x)$$

从而

$$\psi_{n+1}(x)\tilde{\omega}_n(x) - \psi_n(x)\tilde{\omega}_{n+1}(x)$$

$$= \lambda_n[\psi_n(x)\tilde{\omega}_{n-1}(x) - \psi_{n-1}(x)\tilde{\omega}_n(x)]$$

逐次降低下标 n,我们便得到公式

$$\psi_{n+1}(x)\tilde{\omega}_n(x) - \psi_n(x)\tilde{\omega}_{n+1}(x) = \lambda_n\lambda_{n-1}\cdots\lambda_1\lambda_0 > 0 \qquad (89)$$

这公式有它自己独特的意义,其中,据此便可以推得 $\psi_n(x)$ 与 $\tilde{\omega}_n(x)$ 没有共同的根.

根据定理 4.13 以及分式 $\dfrac{\psi_n(x)}{\omega_n(x)}$ 的不可约性便推得,若有理分式 $\dfrac{h(x)}{q(x)}$ 的分母次数不高于 n 次且存在着有限的极限

$$\lim_{x \to +\infty} x^{2n+1}\left[\int_a^b \frac{p(t)}{x-t}\mathrm{d}t - \frac{h(x)}{q(x)}\right]$$

则 $q(x)$ 与 $\tilde{\omega}_n(x)$ 最多只有常数因子[①]的差别.然而根据这种方法构成多项式 $\tilde{\omega}_n(x)$ 对于我们并没有实际的价值.

我们以切比雪夫多项式为例来说明所讲的理论.如我们在本书第一篇中所知,切比雪夫多项式在闭区间 $[-1,1]$ 上对权 $\dfrac{1}{\sqrt{1-x^2}}$ 构成一个直交系.

对于切比雪夫多项式来说,递推公式呈下形

$$T_{n+2}(x) = 2xT_{n+1}(x) - T_n(x)$$

而在 $n > 0$ 时 $T_n(x)$ 的最高次项系数为 2^{n-1}.这就表示,对于多项式 $\tilde{T}_n(x) = \dfrac{1}{2^{n-1}}T_n(x)$ 将有

$$\tilde{T}_{n+2}(x) = x\tilde{T}_{n+1}(x) - \frac{1}{4}\tilde{T}_n(x) \quad (n = 1, 2, \cdots)$$

---

① 实际上,$\dfrac{h(x)}{q(x)} = \dfrac{\psi_n(x)}{\omega_n(x)}$.就是说,$\dfrac{q(x)\psi_n(x)}{\omega_n(x)} = h(x)$,$q(x)$ 可以被 $\tilde{\omega}_n(x)$ 整除.

于是，在一般理论中，用 α_{n+2} 与 λ_{n+1} 表示的那些数便是

$$\alpha_{n+2}=0,\lambda_{n+1}=\frac{1}{4}\quad(n=1,2,\cdots)$$

如果 $n=0$，则

$$T_2(x)=2xT_1(x)-T_0(x)$$

以及

$$T_0(x)=1=\widetilde{T}_0(x)$$

这就是说

$$\widetilde{T}_2(x)=x\widetilde{T}_1(x)-\frac{1}{2}\widetilde{T}_0(x)$$

于是

$$\alpha_2=0,\lambda_1=\frac{1}{2}$$

此外，α_1 表示多项式 $T_1(x)=x$ 的根，所以 $\alpha_1=0$，最后

$$\lambda_0=\int_{-1}^1\frac{\mathrm{d}x}{\sqrt{1-x^2}}=\pi$$

所以

$$\int_{-1}^1\frac{\mathrm{d}t}{(x-t)\sqrt{1-t^2}}=\cfrac{\pi}{x-\cfrac{1/2}{x-\cfrac{1/4}{x-\cdots}}}$$

借助于置换 $t=\dfrac{2u}{1+u^2}$，最后的积分便很容易计算

$$\int_{-1}^1\frac{\mathrm{d}t}{(x-t)\sqrt{1-t^2}}=\frac{\pi}{\sqrt{x^2-1}}\quad(x>1)$$

因而

$$\frac{1}{\sqrt{x^2-1}}=\cfrac{1}{x-\cfrac{1/2}{x-\cfrac{1/4}{x-\cfrac{1/8}{x-\cdots}}}}\quad(x>1)$$

近似分式的分母应当与多项式 $\widetilde{T}_n(x)$ 相同.

我们指出，根据牛顿二项公式

$$\frac{\pi}{\sqrt{x^2-1}}=\frac{\pi}{x}\left(1-\frac{1}{x^2}\right)^{-\frac{1}{2}}$$

$$= \frac{\pi}{x} \left[1 + \frac{1}{2} \frac{1}{x^2} + \frac{3!!}{2^2 \cdot 2!} \frac{1}{x^4} + \frac{5!!}{2^2 \cdot 3!} \frac{1}{x^6} + \cdots \right]$$

这就表示权函数 $\dfrac{1}{\sqrt{1-x^2}}$ 的矩量是

$$\mu_0 = \int_{-1}^1 \frac{\mathrm{d}x}{\sqrt{1-x^2}} = \pi$$

$$\mu_{2n-1} = \int_{-1}^1 \frac{x^{2n-1}\mathrm{d}x}{\sqrt{1-x^2}} = 0$$

$$\mu_{2n} = \int_{-1}^1 \frac{x^{2n}\mathrm{d}x}{\sqrt{1-x^2}} = \frac{(2n-1)!!}{2^n \cdot n!} \pi$$

§4   克利斯铎夫－达尔补公式、直交展式的收敛性

设 $\{\omega_n(x)\}$ 是对于权 $p(x)$ 的标准直交系, $f(x)$ 为 $L^2_{p(x)}$ 中的某一个函数. 这个函数的傅里叶级数具有下述的形式

$$\sum_{k=0}^{+\infty} c_k \omega_k(x) \quad \left(c_k = \int_a^b p(t) f(t) \omega_k(t) \mathrm{d}t \right) \tag{90}$$

若用 $S_n(x)$ 来表示部分和

$$\sum_{k=0}^n c_k \omega_k(x)$$

则 $S_n(x)$ 便有表达式

$$S_n(x) = \int_a^b p(t) f(t) \left[\sum_{k=0}^n \omega_k(t) \omega_k(x) \right] \mathrm{d}t \tag{91}$$

表达式

$$K_n(t, x) = \sum_{k=0}^n \omega_k(t) \omega_k(x) \tag{92}$$

叫作积分(91)的核. 在研究级数(90)的收敛性时它起着重要的作用.

定理 4.14

$$K_n(t, x) = \sqrt{\lambda_{n+1}} \frac{\omega_{n+1}(t) \omega_n(x) - \omega_{n+1}(x) \omega_n(t)}{t - x} \tag{93}$$

这个公式叫作克利斯铎夫(Christoffel)－达尔补(Darboux)公式①.

为证明计,我们写出递推公式(70)并把 n 降低一个单位

$$\sqrt{\frac{\Delta_{n+1}}{\Delta_n}}\omega_{n+1}(x) = (x-\alpha_{n+1})\sqrt{\frac{\Delta_n}{\Delta_{n-1}}}\omega_n(x) - \lambda_n\sqrt{\frac{\Delta_{n-1}}{\Delta_{n-2}}}\omega_{n-1}(x) \quad (n \geqslant 1)$$

$$(94)$$

其中

$$\lambda_n = \frac{\Delta_{n-2}\Delta_n}{\Delta_{n-1}^2} \tag{95}$$

用 $\omega_n(t)$ 乘(94)并由所得等式减去由其中交换 t 与 x 所得的结果

$$\sqrt{\frac{\Delta_{n+1}}{\Delta_n}}\left[\omega_{n+1}(x)\omega_n(t) - \omega_{n+1}(t)\omega_n(x)\right]$$

$$= \sqrt{\frac{\Delta_n}{\Delta_{n-1}}}(x-t)\omega_n(t)\omega_n(x) + \lambda_n\sqrt{\frac{\Delta_{n-1}}{\Delta_{n-2}}}\left[\omega_n(x)\omega_{n-1}(t) - \omega_n(t)\omega_{n-1}(x)\right]$$

用 $\sqrt{\frac{\Delta_{n-1}}{\Delta_n}}$ 乘这个等式并注意到(95),我们便得

$$\sqrt{\lambda_{n+1}}\left[\omega_{n+1}(x)\omega_n(t) - \omega_{n+1}(t)\omega_n(x)\right]$$

$$= (x-t)\omega_n(t)\omega_n(x) + \sqrt{\lambda_n}\left[\omega_n(x)\omega_{n-1}(t) - \omega_n(t)\omega_{n-1}(x)\right] \tag{96}$$

依次用 $n-1, n-2, \cdots, 1$ 代 n.并把所得结果以及(96)加在一起.化简后便有

$$\sqrt{\lambda_{n+1}}\left[\omega_{n+1}(x)\omega_n(t) - \omega_{n+1}(t)\omega_n(x)\right]$$

$$= (x-t)\sum_{k=1}^{n}\omega_k(t)\omega_k(x) + \sqrt{\lambda_1}\left[\omega_1(x)\omega_0(t) - \omega_1(t)\omega_0(x)\right]$$

但是

$$\omega_0(x) = \omega_0(t) = \frac{1}{\sqrt{\Delta_0}}, \omega_1(x) = \sqrt{\frac{\Delta_0}{\Delta_1}}(x-\alpha_1), \lambda_1 = \frac{\Delta_1}{\Delta_0^2}$$

这就表示

$$\sqrt{\lambda_1}\left[\omega_1(x)\omega_0(t) - \omega_1(t)\omega_0(x)\right] = \frac{x-t}{\Delta_0} = (x-t)\omega_0(t)\omega_0(x)$$

由此便推得(93).

---

① 克利斯铎夫对于 $p(x)=1, a=-1, b=1$ 即对勒让德多项式把它证明了,而达尔补把它推广到任意权的情形.

如前所证,有估计式

$$\sqrt{\lambda_{n+1}} \leqslant C = \max\{\mid a\mid , \mid b\mid\}$$

因此

$$K_n(t,x) = \theta_n C \frac{\omega_{n+1}(t)\omega_n(x) - \omega_{n+1}(x)\omega_n(t)}{t-x} \quad (0 < \theta_n \leqslant 1)$$

据明显的等式

$$\int_a^b p(t)K_n(t,x)\mathrm{d}t = 1$$

便有

$$S_n(x) - f(x) = \theta'_n C \int_a^b p(t)\varphi_x(t)\big[\omega_{n+1}(t)\omega_n(x) - \omega_{n+1}(x)\omega_n(t)\big]\mathrm{d}t \quad (97)$$

其中为简单计,系假定

$$\varphi_x(t) = \frac{f(t) - f(x)}{t-x} \quad\quad (98)$$

设函数 $\varphi_x(t)$ 属于 $L_{p(x)}^2$（只有在 $f(t)$ 属于这个函数类时,才有可能）.

若用 d_n 来表示函数 $\varphi_x(t)$ 的傅里叶系数,则等式(97) 便可以写成

$$S_n(x) - f(x) = \theta_n C[d_{n+1}\omega_n(x) - d_n\omega_{n+1}(x)] \quad\quad (99)$$

由级数 $\sum d_n^2$ 的收敛性知

$$\lim_{n \to \infty} d_n = 0$$

从而据等式(99) 便推得

定理 4.15　设所有的多项式 $\omega_n(x)$ 在点 x 处都是有界的而且函数 $\varphi_x(t)$ 属于 $L_{p(x)}^2$,则在点 x 处等式

$$f(x) = \sum_{k=0}^{+\infty} c_k\omega_k(x)$$

成立.

若多项式 $\omega_n(x)$ 一致有界[①]（例如,切比雪夫多项式就是这样的）,则在定理 4.15 中便不必要求 $\varphi_x(t)$ 属于 $L_{p(x)}^2$,而只需假定 $\varphi_x(x) \in L_{p(t)}$.

要证明这一点,需要

定理 4.16　若多项式 $\omega_n(x)$ 一致有界,则对于 $L_{p(x)}$ 中的任一函数 $\varphi(x)$ 有

$$\lim_{n \to \infty} \int_a^b p(x)\varphi(x)\omega_n(x)\mathrm{d}x = 0$$

---

① 　自然,指的是在基本区间 $[a,b]$ 上的有界性.

实际上,由于积分的绝对连续性,对于任意的 $\varepsilon>0$,我们都能够指定这样的 $\delta>0$,使得不论测度小于 δ 的集合 $e\subset[a,b]$ 如何,恒有

$$\int_{\delta}p(x)\mid\varphi(x)\mid\mathrm{d}x<\varepsilon$$

在另一方面,对所求的 δ,可以指定如此大的 K,使得

$$mE(\mid\varphi\mid>K)<\delta$$

做到了这一点之后,我们引进函数

$$\varphi_1(x)=\begin{cases}\varphi(x), & \text{若}\mid\varphi(x)\mid\leqslant K\\0, & \text{若}\mid\varphi(x)\mid>K\end{cases}$$

$$\varphi_2(x)=\begin{cases}0, & \text{若}\mid\varphi(x)\mid\leqslant K\\\varphi(x), & \text{若}\mid\varphi(x)\mid>K\end{cases}$$

显然

$$\int_a^b p\varphi\omega_n\mathrm{d}x=\int_a^b p\varphi_1\omega_n\mathrm{d}x+\int_a^b p\varphi_2\omega_n\mathrm{d}x$$

函数 $\varphi_1(x)$ 由于是有界的,所以属于 $L^2_{p(x)}$,这就表示它的傅里叶系数趋于 0,因而对于充分大的 n,便有

$$\left|\int_a^b p(x)\varphi_1(x)\omega_n(x)\mathrm{d}x\right|<\varepsilon$$

在另一方面,若 M 是 $\mid\omega_n(x)\mid$ 的上界,则对所有的 n 均有

$$\left|\int_a^b p(x)\varphi_2(x)\omega_n(x)\mathrm{d}x\right|\leqslant M\int_{E(\mid\varphi\mid>K)}p(x)\mid\varphi(x)\mid\mathrm{d}x<M\varepsilon$$

这就是说,对于指定那样大的 n 有

$$\left|\int_a^b p(x)\varphi(x)\omega_n(x)\mathrm{d}x\right|<(M+1)\varepsilon$$

定理证完. 根据此定理及等式(99)便推得

定理 4.17 属于 $L_{p(x)}$ 的函数 $f(x)$,对于任意的一致有界的标准直交多项式系,都可以在使 $\varphi_x(t)$ 属于 $L_{p(t)}$ 的每一点 x 处展成傅里叶级数.

其中,只要权 $p(x)$ 有界此定理可以应用于对任意 $\alpha>0$ 属于 Lip α 的函数,对任意的权也可以应用于 Lip 1 类中的函数.

据所述的讨论便得到以下的叫作局部性原理的结果:

定理 4.18 若属于 $L^2_{p(x)}$ 的二函数 $f(x)$ 与 $g(x)$ 在开区间 (x_0-h,x_0+h) 内重合,而在点 x_0 处多项式 $\omega_n(x)$ 有界,则

$$\lim_{n\to\infty}\{S_n[f;x_0]-S_n[g;x_0]\}=0$$

在这里 $S_n[f;x_0]$ 系表示函数 $f(x)$ 在点 x_0 所算得的傅里叶和. 为了证明定理, 兹指出

$$S_n[f;x_0]-S_n[g;x_0]=S_n[r;x_0]$$

其中 $r(x)=f(x)-g(x)$. 因为 $r(x_0)=0$, 所以问题便归结为定理 4.15, 因为在 (x_0-h,x_0+h) 内等于 0 的函数 $\dfrac{r(t)}{x_0-t}$ 必定是属于 $L^2_{p(x)}$ 的.

若多项式 $\omega_n(x)$ 在 $[a,b]$ 上一致有界, 则在定理 4.18 中要求函数 $f(x)$ 与 $g(x)$ 属于 $L_{p(x)}$ 便够了.

若不假定多项式 $\omega_n(x)$ 的有界性, 则前述定理不能应用, 然而有

定理 4.19(И. П. 纳汤松)   若 $f(x)\in\text{Lip }\alpha$, 且 $\alpha>\dfrac{1}{2}$, 则等式

$$f(x)=\sum_{k=0}^{+\infty}c_k\omega_k(x) \tag{100}$$

在 $[a,b]$ 上几乎处处成立.

实际上, 根据第一篇第六章 §2 的杰克逊(Jackson)定理, 对任意的 n 都可以求得不高于 n 次的多项式 $p_n(x)$, 使得

$$|p_n(x)-f(x)|<\frac{A}{n^\alpha}$$

其中 A 是某一常数. 但是据托普勒定理, 傅里叶和 $S_n(x)$ 满足条件

$$\int_a^b p(x)[S_n(x)-f(x)]^2\mathrm{d}x\leqslant\int_a^b p(x)[p_n(x)-f(x)]^2\mathrm{d}x$$

这就表示

$$\int_a^b p(x)[S_n(x)-f(x)]^2\mathrm{d}x\leqslant\frac{A^2\mu_0}{n^{2\alpha}}\quad\left(\mu_0=\int_a^b p(x)\mathrm{d}x\right)$$

因而级数

$$\sum_{n=1}^{+\infty}\int_a^b p(x)[S_n(x)-f(x)]^2\mathrm{d}x$$

收敛. 于是, 根据勒维定理便推得本定理.

A. H. 柯尔莫哥洛夫(Колмогоров)使用了些更有力的工具, 把这个结果推广到任意 $\alpha>0$ 的情形. 借助于这些强有力的工具, И. П. 纳汤松曾证明, 如果

$$p(x)<\frac{A}{\sqrt{1-x^2}}$$

则任何有界变分函数都可以几乎处处按多项式 $\omega_n(x)$ 展开.

使式(100)成立的点没有得到鉴定是所有这些研究的不足之处.

还有另外的办法来处理按直交多项式把函数展成级数的问题,这种办法是与一致逼近的理论有联系的. 这种办法的基础在于,对任何不高于 n 次的多项式

$$S_n[p_n;x] = P_n(x)$$

置

$$\int_a^b p(t) \mid K_n(t,x) \mid \mathrm{d}t = L_n(x)$$

这个量就叫作标准直交系 $\{\omega_n(x)\}$ 的勒贝格(Lebesgue)函数. 对于满足不等式 $\mid f(x) \mid \leqslant M$ 的有界函数 $f(x)$,由公式(91)便推出

$$\mid S_n[f;x_0] \mid \leqslant ML_n(x_0)$$

从而便得到

定理 4.20 设 $f(x)$ 是连续函数,它具有下述性质:它的用多项式的最佳逼近满足条件

$$L_n(x_0)E_n(f) \xrightarrow[n \to \infty]{} 0$$

在这种情形下,这个函数在点 x_0 处可以按多项式 $\omega_n(x)$ 展成傅里叶级数.

实际上,设 $p_n(x)$ 为所设函数的最佳逼近多项式

$$\mid p_n(x) - f(x) \mid \leqslant E_n(f)$$

则有

$$f(x) - S_n[f;x] = f(x) - p_n(x) + S_n[p_n - f;x]$$

因而

$$\mid f(x_0) - S_n[f;x_0] \mid \leqslant E_n(f) + L_n(x_0)E_n(f) \tag{101}$$

这就证明了本定理.

令

$$L_n = \max L_n(x)$$

由估计式(101)推得,条件

$$\lim_{n \to \infty} L_n E_n(f) = 0$$

可以保证级数

$$\sum_{k=0}^{+\infty} c_k \omega_k(x) = f(x)$$

的一致收敛性.

例 我们对于切比雪夫[①]标准直交多项式系

$$\hat{T}_0(x) = \frac{1}{\sqrt{\pi}}, \hat{T}_n(x) = \sqrt{\frac{2}{\pi}}\cos(n\arccos x)$$

来求勒贝格函数,在这里

$$L_n(x) = \int_{-1}^{1}\left|\sum_{k=0}^{n}\hat{T}_k(t)\hat{T}_k(x)\right|\frac{\mathrm{d}t}{\sqrt{1-t^2}}$$

令 $\arccos x = \xi, \arccos t = \tau$,便得到

$$L_n(x) = \frac{1}{\pi}\int_{0}^{\pi}\left|1 + 2\sum_{k=1}^{n}\cos k\tau\cos k\xi\right|\mathrm{d}\tau$$

从而,由于被积函数是偶函数,便得

$$L_n(x) = \frac{1}{2\pi}\int_{-\pi}^{\pi}\left|1 + \sum_{k=1}^{n}[\cos k(\tau+\xi) + \cos k(\tau-\xi)]\mathrm{d}\tau\right.$$

这就表示

$$L_n(x) \leqslant \frac{1}{2\pi}\int_{-\pi}^{\pi}\left|\frac{1}{2} + \sum_{k=1}^{n}\cos k(\tau+\xi)\right|\mathrm{d}\tau +$$

$$\frac{1}{2\pi}\int_{-\pi}^{\pi}\left|\frac{1}{2} + \sum_{k=1}^{n}\cos k(\tau-\xi)\right|\mathrm{d}\tau$$

在第一个积分中作变换 $\tau = \varphi - \xi$,而在第二个积分中作变换 $\tau = \varphi + \xi$(并且,由于周期是 2π,可以取原先的积分限),我们就得到

$$L_n(x) \leqslant \frac{1}{\pi}\int_{-\pi}^{\pi}\left|\frac{1}{2} + \sum_{k=1}^{n}\cos k\varphi\right|\mathrm{d}\varphi$$

但是(参看第一篇公式(175))

$$\frac{1}{2} + \sum_{k=1}^{n}\cos k\varphi = \frac{\sin\dfrac{2n+1}{2}\varphi}{2\sin\dfrac{\varphi}{2}}$$

因而

$$L_n(x) \leqslant \frac{1}{2\pi}\int_{-\pi}^{\pi}\left|\frac{\sin\dfrac{2n+1}{2}\varphi}{\sin\varphi}\right|\mathrm{d}\varphi$$

由此便得

$$L_n(x) \leqslant \frac{2}{\pi}\int_{0}^{\frac{\pi}{2}}\left|\frac{\sin(2n+1)t}{\sin t}\right|\mathrm{d}t$$

[①] 依照 B. Л. 冈恰洛夫,用记号 $\hat{T}_n(x)$ 来表示标准的切比雪夫多项式.

应用第一篇的估计式(178),最后得

$$L_n(x) \leqslant 2 + \ln n$$

因此,满足条件

$$\lim_{n \to \infty} [E_n(f) \ln n] = 0$$

的所有函数 $f(x)$ 都可以按切比雪夫多项式展成一致收敛的级数.

若函数 $f(x)$ 的连续性模合于

$$\lim_{\delta \to 0} [\omega(\delta) \ln \delta] = 0$$

根据杰克逊定理,后一条件必然成立,而我们便又得到在第一篇第十章 §1 中已经建立的定理.

在最后我们引进极为重要的反面的结果,实质上是补充了本节所述的结果.

定理 4.21(В. Ф. 尼古拉耶夫(Николаев)) 不存在这样的权 $p(x)$,使得任意的连续函数都可以按照关于这个权的直交多项式展成一致收敛的傅里叶级数.

关于证明我们介绍读者看本书下册末尾的"附录三".

§5 权函数的变换

我们已经看到,在直交展开式的收敛性问题中,多项式 $\omega_n(x)$ 在个别的点处以及在全闭区间 $[a,b]$ 上的有界性起着重要的作用. 为使这种有界性成立,确定权函数所应满足的条件便引起注意了. 对于有一些权函数,例如,切比雪夫权 $(1-x^2)^{-\frac{1}{2}}$,这种有界性已经知道了,所以自然便有

问题 设与权函数 $p(x)$ 相关的直交多项式 $\omega_n(x)$ 在点 x_0 处是有界的

$$|\omega_n(x_0)| \leqslant M \quad (n = 0, 1, 2, \cdots)$$

我们来考虑新的权函数[①] $p(x)\sigma(x)$ 及与其相关的直交多项式 $\varphi_n(x)$. 问因子 $\sigma(x)$ 有何种性质时才能保证 $\varphi_n(x)$ 在点 x_0 处的有界性.

定理 4.22 设 $\sigma(x)$ 是多项式,则

[①] 自然 $\sigma(x)$ 是非负的,属于 $L_{p(x)}$ 且几乎处处异于 0.

$$| \varphi_n(x_0) | \leqslant \frac{M \sqrt{K} (m+1)}{\sigma(x_0)} \tag{102}$$

其中 K 是 $\sigma(x)$ 的极大值,而 m 是 $\sigma(x)$ 的次数.

实际上,$\sigma(x) \varphi_n(x)$ 可以表示成

$$\sigma(x) \varphi_n(x) = c_0 \omega_0(x) + c_1 \omega_1(x) + \cdots + c_{n+m} \omega_{n+m}(x) \tag{103}$$

其中

$$c_i = \int_a^b p(x) \sigma(x) \varphi_n(x) \omega_i(x) \mathrm{d}x$$

若 $i < n$,则 $c_i = 0$,因为 $\varphi_n(x)$ 对于次数较低的所有多项式关于权 $p(x)\sigma(x)$ 都是直交的. 这就是说,在式(103)中只有 $m+1$ 个加数. 设 $n \leqslant i \leqslant n+m$. 据布尼亚柯夫斯基不等式

$$c_i^2 \leqslant \left(\int_a^b p(x) \sigma^2(x) \varphi_n^2(x) \mathrm{d}x \right) \left(\int_a^b p(x) \omega_i^2(x) \mathrm{d}x \right)$$

后一积分等于 1. 在另一方面

$$\int_a^b p(x) \sigma^2(x) \varphi_n^2(x) \mathrm{d}x \leqslant K \int_a^b p(x) \sigma(x) \varphi_n^2(x) \mathrm{d}x = K$$

就表示

$$| c_i | \leqslant \sqrt{K}$$

这就证明了估计式(102).

推论 1 设多项式 $\omega_n(x)$ 一致有界,而 $\sigma(x)$ 有正的下确界,则 $\varphi_n(x)$ 必一致有界.

推论 2 设 A, B 为自然数,则对应于权

$$(1-x)^{A-\frac{1}{2}}(1+x)^{B-\frac{1}{2}} \quad (-1 \leqslant x \leqslant 1) \tag{104}$$

的多项式在开区间 $(-1, 1)$ 的每一点都有界.

定理 4.23(G. 皮布利斯(Peebles))   设 $\sigma(x) = \dfrac{1}{Q(x)}$,其中 $Q(x)$ 为一 m 次多项式,则

$$| \varphi_n(x_0) | \leqslant M \sqrt{K} \quad (m \geqslant 1) \tag{105}$$

其中系令 $K = \max Q(x)$.

实际上,在等式

$$\varphi_n(x) = c_0 \omega_0(x) + c_1 \omega_1(x) + \cdots + c_n \omega_n(x)$$

中有

$$c_i = \int_a^b p(x)\varphi_n(x)\omega_i(x)\mathrm{d}x$$

这就是说,对于 $i < n-m$,有

$$c_i = \int_a^b p(x)\sigma(x)\varphi_n(x)[Q(x)\omega_i(x)]\mathrm{d}x = 0$$

因而

$$\varphi_n(x) = c_{n-m}\omega_{n-m}(x) + \cdots + c_n\omega_n(x) \tag{106}$$

但是,据布尼亚柯夫斯基不等式对于 $n-m \leqslant i \leqslant n$,我们有

$$c_i^2 \leqslant \int_a^b p(x)\varphi_n^2(x)\mathrm{d}x \leqslant K\int_a^b p(x)\sigma(x)\varphi_n^2(x)\mathrm{d}x = K$$

从而,注意到式(106)便推出了式(105).

把定理 4.22 与定理 4.23 合并起来,便不难建立当 $\sigma(x)$ 为有理分式时的适当的估计式.

定理 4.24(J. 克拉乌斯(Korous)) 设 $\sigma(x)$ 满足莱布尼茨(Lipschitz)条件

$$|\sigma(y) - \sigma(x)| \leqslant k|y-x|$$

并具有正的极小值 τ,则

$$|\varphi_n(x_0)| \leqslant \frac{\tau + 2ck}{\sqrt{\tau^3}}M \quad (c = \max\{|a|, |b|\})$$

多项式 $\varphi_n(x)$ 可以写成

$$\varphi_n(x) = \int_a^b p(t)\varphi_n(t)K_n(t,x)\mathrm{d}t$$

$$= \int_a^b p(t)\varphi_n(t)\omega_n(t)\omega_n(x)\mathrm{d}t + \int_a^b p(t)\varphi_n(t)K_{n-1}(t,x)\mathrm{d}t \tag{107}$$

因为 $K_{n-1}(t,x)$ 为(关于 t 的)$n-1$ 次的多项式,故

$$\int_a^b p(t)\sigma(t)\varphi_n(t)K_{n-1}(t,x)\mathrm{d}t = 0$$

所以

$$\sigma(x)\int_a^b p(t)\varphi_n(t)K_{n-1}(t,x)\mathrm{d}t$$

$$= \int_a^b p(t)[\sigma(x) - \sigma(t)]\varphi_n(t)K_{n-1}(t,x)\mathrm{d}t$$

据克利斯铎夫·达尔补公式

$$K_{n-1}(t,x) = \sqrt{\lambda_n}\,\frac{\omega_n(x)\omega_{n-1}(t) - \omega_n(t)\omega_{n-1}(x)}{x-t}$$

故等式(107) 的末一积分可以写成

$$\frac{\sqrt{\lambda_n}}{\sigma(x)} \int_a^b p(t) \frac{\sigma(x)-\sigma(t)}{x-t} \varphi_n(t) \left[\omega_n(x) \omega_{n-1}(t) - \omega_n(t) \omega_{n-1}(x) \right] \mathrm{d}t$$

但是

$$\left| \int_a^b p(t) \frac{\sigma(x)-\sigma(t)}{x-t} \varphi_n(t) \omega_n(t) \mathrm{d}t \right|$$

$$\leqslant K \int_a^b p(t) \mid \varphi_n(t) \mid \mid \omega_n(t) \mid \mathrm{d}t$$

而据布尼亚柯夫斯基不等式

$$\int_a^b p(t) \mid \varphi_n(t) \mid \mid \omega_n(t) \mid \mathrm{d}t$$

$$\leqslant \frac{1}{\sqrt{\tau}} \int_a^b p(t) \{ \sqrt{\sigma(t)} \mid \varphi_n(t) \mid \} \mid \omega_n(t) \mid \mathrm{d}t$$

$$\leqslant \frac{1}{\sqrt{\tau}} \left\{ \int_a^b p(t) \sigma(t) \varphi_n^2(t) \mathrm{d}t \right\}^{\frac{1}{2}} \left\{ \int_a^b p(t) \omega_n^2(t) \mathrm{d}t \right\}^{\frac{1}{2}}$$

$$= \frac{1}{\sqrt{\tau}} \tag{108}$$

当把 $\omega_n(t)$ 换成 $\omega_{n-1}(t)$ 时这样的估计式仍真.

因而,据(107) 和(108) 两式,可得

$$\mid \varphi_n(x) \mid \leqslant \frac{\mid \omega_n(x) \mid}{\sqrt{\tau}} + \frac{\sqrt{\lambda_n}}{\sigma(x)} K \frac{\mid \omega_n(x) \mid + \mid \omega_{n-1}(x) \mid}{\sqrt{\tau}}.$$

从而,由不等式 $\sqrt{\lambda_n} \leqslant c$ 便推出了本定理.

在定理 4.22 所考虑的情形下,$\sigma(x)$ 是一个多项式,这时可以用多项式 $\omega_n(x)$ 把多项式 $\varphi_n(x)$ 的明显表达式给出来. 设把 $\sigma(x)$ 分解成线性因子

$$\sigma(x) = A(x-\xi_1)(x-\xi_2) \cdots (x-\xi_m)$$

我们仅限于考虑 $\sigma(x)$ 只有单根的情形. 由于 $\sigma(x)$ 在 (a,b) 内不变号,所有 ξ_i(实数或共轭复数) 都位于开区间 (a,b) 之外. 令

$$Q_n(x) = \begin{vmatrix} \omega_n(\xi_1) & \omega_n(\xi_2) & \cdots & \omega_n(\xi_m) & \omega_n(x) \\ \omega_{n+1}(\xi_1) & \omega_{n+1}(\xi_2) & \cdots & \omega_{n+1}(\xi_m) & \omega_{n+1}(x) \\ \vdots & \vdots & & \vdots & \vdots \\ \omega_{n+m}(\xi_1) & \omega_{n+m}(\xi_2) & \cdots & \omega_{n+m}(\xi_m) & \omega_{n+m}(x) \end{vmatrix} \tag{109}$$

显然 $Q_n(x)$ 是以 $\xi_1, \xi_2, \cdots, \xi_m$ 为零点的 $n+m$ 次多项式. 这就表示,商

$$\frac{Q_n(x)}{\sigma(x)}$$

是 n 次的整多项式. 在另一方面, 对于次数 $i < n$ 的任意多项式 $R_i(x)$ 都有

$$\int_a^b p(x)Q_n(x)R_i(x)\mathrm{d}x = 0 \tag{110}$$

因为 $Q_n(x)$ 为多项式 $\omega_n(x), \cdots, \omega_{n+m}(x)$ 的线性组合, 这些多项式中的每一个与 x 的较低乘幂都是关于权 $p(x)$ 为直交的.

等式(110)可以写成以下的形式

$$\int_a^b p(x)\sigma(x)\frac{Q_n(x)}{\sigma(x)}R_i(x)\mathrm{d}x = 0$$

从而可知, n 次多项式 $\dfrac{Q_n(x)}{\sigma(x)}$ 与所有次数较低的多项式都是关于权 $p(x)\sigma(x)$ 为直交的. 而这只有在这个多项式与 $\varphi_n(x)$ 仅仅相差常数因子时才有可能, 这就表示

$$\varphi_n(x) = K\frac{Q_n(x)}{\sigma(x)} \tag{111}$$

因子 K 容易由 $\varphi_n(x)$ 的标准性条件

$$K^2\int_a^b p(x)\sigma(x)\left[\frac{Q_n(x)}{\sigma(x)}\right]^2 \mathrm{d}x = 1 \tag{112}$$

来求得.

附注 1 为了使所述推理完备起见, 应当证明 $Q_n(x)$ 不恒等于 0. 注意到 $\omega_{n+m}(x)$ 的子式, 便看出为此只需证明

引理 设 $\xi_1, \xi_2, \cdots, \xi_m$ 为不同的实数或共轭复数, 它们都位于开区间 (a, b) 之外, 则行列式

$$\Delta = \begin{vmatrix} \omega_n(\xi_1) & \omega_n(\xi_2) & \cdots & \omega_n(\xi_m) \\ \omega_{n+1}(\xi_1) & \omega_{n+1}(\xi_2) & \cdots & \omega_{n+1}(\xi_m) \\ \vdots & \vdots & & \vdots \\ \omega_{n+m-1}(\xi_1) & \omega_{n+m-1}(\xi_2) & \cdots & \omega_{n+m-1}(\xi_m) \end{vmatrix}$$

异于 0.

为证明计[1],我们指出,若各行为实数或共轭复数[2]的行列式等于 0,则其各列之间必有带实系数的线性相关性,这些系数中有异于 0 的.

实际上,为确定起见,设除了第二行与第三行之外,其余各行都是实的

$$D = \begin{vmatrix} a_1 & b_1 + ic_1 & b_1 - ic_1 & \cdots & r_1 \\ a_2 & b_2 + ic_2 & b_2 - ic_2 & \cdots & r_2 \\ \vdots & \vdots & \vdots & & \vdots \\ a_n & b_n + ic_n & b_n - ic_n & \cdots & r_n \end{vmatrix} = 0$$

如果把第三行加到第二行上并把因子 2 提到行列式外,然后再从第三行减去第二行,我们便看出行列式

$$\begin{vmatrix} a_1 & b_1 & c_1 & \cdots & r_1 \\ a_2 & b_2 & c_2 & \cdots & r_2 \\ \vdots & \vdots & \vdots & & \vdots \\ a_n & b_n & c_n & \cdots & r_n \end{vmatrix}$$

要等于 0,这个行列式的元素都是实的. 因此可以选出不全为 0 的实数 A_1, $A_2, \cdots, A_n$,使得

$$A_1 a_1 + A_2 a_2 + \cdots + A_n a_n = 0$$
$$A_1 b_1 + A_2 b_2 + \cdots + A_n b_n = 0$$
$$A_1 c_1 + A_2 c_2 + \cdots + A_n c_n = 0$$
$$\vdots$$
$$A_1 r_1 + A_2 r_2 + \cdots + A_n r_n = 0$$

而这时等式

$$\sum A_k a_k = 0, \sum A_k (b_k + ic_k) = 0$$

$$\sum A_k (b_k - ic_k) = 0, \cdots, \sum A_k r_k = 0$$

也都成立.

证明这点之后,我们假定 $\Delta = 0$. 这时可以求得实数 $A_1, A_2, \cdots, A_n$(不全为 0),使得

---

[1] 这个证明是我从法杰耶夫(Фаддеев)教授那里获知的.

[2] 若诸数 $\alpha_1, \alpha_2, \cdots, \alpha_n$ 中所有的 α_k 都是实数,为简便计,称此数组为实的. 同样,对于两个数组 α_1, $\alpha_2, \cdots, \alpha_n$ 与 $\beta_1, \beta_2, \cdots, \beta_n$,若对所有 K 恒有 $\alpha_k = \bar{\beta}_k$,则称此二数组互为共轭.

$$A_1 \omega_n(\xi_k) + A_2 \omega_{n+1}(\xi_k) + \cdots + A_m \omega_{n+m-1}(\xi_k) = 0 \quad (k = 1, 2, \cdots, m)$$

令

$$H(x) = A_1 \omega_n(x) + A_2 \omega_{n+1}(x) + \cdots + A_m \omega_{n+m-1}(x)$$

这个多项式不恒等于 0，其次数不超过 $n+m-1$，它与次数低于 n 并以 ξ_1，ξ_2，$\cdots$，ξ_m 为零点的所有多项式都直交，这时，$H(x)$ 应被

$$\sigma(x) = (x - \xi_1)(x - \xi_2) \cdots (x - \xi_m)$$

所整除，且其商不高于 $n-1$ 次，用 $q(x)$ 表这个商，便有

$$\int_a^b p(x) H(x) q(x) \mathrm{d}x = 0$$

而这是不可能的，因为乘积

$$H(x) q(x) = \sigma(x) q^2(x)$$

在 $[a, b]$ 上不变号，引理证明.

附注 2 由于 $Q_n(x)$ 是带复系数的多项式，因而便会设想

$$\int_a^b p(x) \sigma(x) \left[\frac{Q_n(x)}{\sigma(x)}\right]^2 \mathrm{d}x = 0 \tag{113}$$

所以就发生是否能从等式(112)求得 K 的疑问.

然而等式(113)是不可能成立的，因为商 $\dfrac{Q_n(x)}{\sigma(x)}$ 可以表示成 $\dfrac{\varphi_n(x)}{K}$ 的形式.

附注 3 在构成多项式 $\varphi_n(x)$ 时仅仅是借助于多项式 $\omega_n(x)$ 对于权 $p(x)$ 的直交性，而并没有用到它们的标准性这个事实.

例 试构成在 $[-1, 1]$ 上对于权 $\sqrt{1 - x^2}$ 为直交的多项式 $U_n(x)$.

因为

$$\sqrt{1 - x^2} = \frac{1 - x^2}{\sqrt{1 - x^2}}$$

而对于权 $\dfrac{1}{\sqrt{1 - x^2}}$ 为直交的多项式我们已经知道了 —— 它是由切比雪夫多项式组成的，故所求多项式 $U_n(x)$ 只与

$$\frac{1}{1 - x^2} \begin{vmatrix} T_n(1) & T_n(-1) & T_n(x) \\ T_{n+1}(1) & T_{n+1}(-1) & T_{n+1}(x) \\ T_{n+2}(1) & T_{n+2}(-1) & T_{n+2}(x) \end{vmatrix} \tag{114}$$

有常数因子的差别.

但是 $T_n(x) = \cos(n \arccos x)$，这就表示

$$T_n(1) = 1, T_n(-1) = (-1)^n$$

因而(114)就是

$$(-1)^{n+1}2 - \frac{T_{n+2}(x) - T_n(x)}{1 - x^2}$$

从而

$$U_n(x) = k \frac{T_{n+2}(x) - T_n(x)}{1 - x^2} \tag{115}$$

只要再根据条件

$$\int_{-1}^{1} \sqrt{1 - x^2} U_n^2(x) \mathrm{d}x = 1$$

去确定 K 就行了.

将式(115)代入并作代换 $x = \cos\theta$,我们便得

$$K = \frac{1}{\sqrt{2\pi}}$$

据式(115)以及 $|T_n(x)| \leqslant 1$ 的事实,我们便得到估计式

$$|U_n(x)| \leqslant \sqrt{\frac{2}{\pi}} \frac{1}{1 - x^2} \tag{116}$$

这个估计式较定理 4.22 中者为佳. 实际上,标准的切比雪夫多项式是

$\sqrt{\frac{2}{\pi}} T_n(x)$(对于 $n > 0$).这就表示,对所考虑的情形,估计式(102)呈下形

$$|U_n(x)| \leqslant 3\sqrt{\frac{2}{\pi}} \frac{1}{1 - x^2}$$

多项式 $U_n(x)$ 具有许多重要的性质. 在后面第六章中我们还要来谈它. 其中,我们对它们给出了较式(116)更佳的估计式.

勒让德多项式

§1 罗德利克公式

定义 5.1 在$[-1,1]$上对于权$p(x)=1$构成直交系的多项式$X_n(x)$叫作勒让德多项式.

由于在这里我们并没有要求这些多项式是标准的,上面的叙述,除了常数因子不计外才把它们确定了.于特例,若选取这个因子使得多项式是标准的(并且它的最高次项的系数是正的),我们将按照冈恰洛夫(Гончаров)的记号把它记作$\hat{X}_n(x)$,而如果多项式最高次项的系数等于1,则记作$\tilde{X}_n(x)$.

所述多项式系勒让德于 1785 年所引出,在 1814 年罗德利克(Rodrigue)对它们给出了简单而便利的公式.

欲引入这个公式,我们把$X_n(x)$连续积分n次,并用$u_n(x)$来表示最后所得的多项式.它的次数是$2n$.我们选取积分常数,使得

$$u_n(-1)=u'_n(-1)=\cdots=u_n^{(n-1)}(-1)=0 \qquad (117)$$

关系式(117)与等式$u_n^{(n)}(x)=X_n(x)$一起,除一常因子外,把$u_n(x)$确定了.

用$v(x)$表任意的低于n次的多项式,则

$$\int_{-1}^{1} u_n^{(n)}(x)v(x)\mathrm{d}x=0 \qquad (118)$$

而根据广义的分部积分公式

$$\int_{-1}^{1} u_n^{(n)}(x) v \mathrm{d}x = [u_n^{(n-1)} v - u_n^{(n-2)} v' + \cdots +$$

$$(-1)^{n-1} u_n v^{(n-1)}]_{-1}^{1} + (-1)^n \int_{-1}^{1} u_n v^{(n)} \mathrm{d}x$$

在另一方面，$v^{(n)}(x) = 0$，因而由（117）与（118）两式得

$$u_n^{(n-1)}(1) v(1) - u_n^{(n-2)}(1) v'(1) + \cdots + (-1)^{n-1} u_n(1) v^{(n-1)}(1) = 0$$

但是由于诸数 $v(1), v'(1), \cdots, v^{(n-1)}(1)$ 是完全随意的[①]，故必须

$$u_n(1) = u'_n(1) = \cdots = u_n^{(n-1)}(1) = 0 \tag{119}$$

等式（117）与（119）证明，点 ± 1 的每一个都是多项式 $u_n(x)$ 的 n 重根. 这就表示，这个多项式可以被 $(x-1)^n (x+1)^n = (x^2-1)^n$ 所整除. 而由于 $u_n(x)$ 的次数为 $2n$，故

$$u_n(x) = K_n (x^2-1)^n$$

而

$$X_n(x) = K_n \frac{\mathrm{d}^n (x^2-1)^n}{\mathrm{d}x^n} \tag{120}$$

这就是罗德利克公式.

由于

$$[(x^2-1)^n]^{(n)} = 2n(2n-1) \cdots (n+1) x^n + \cdots$$

显然可知

$$\widetilde{X}_n(x) = \frac{n!}{(2n)!} \frac{\mathrm{d}^n (x^2-1)^n}{\mathrm{d}x^n} \tag{121}$$

为了求得 K_n 使得到的多项式是标准的 $\widetilde{X}_n(x)$，我们再来应用广义分部积分公式，并令 $v(x) = u_n^{(n)}(x)$. 据等式（117）与（119），在积分号外的所有项都消失了，因而

$$\int_{-1}^{1} [u_n^{(n)}(x)]^2 \mathrm{d}x = (-1)^n \int_{-1}^{1} u_n(x) u_n^{(2n)}(x) \mathrm{d}x \tag{122}$$

而

$$u_n^{(2n)}(x) = K_n (2n)!$$

————————

[①] 不论 $A_0, A_1, \cdots, A_{n-1}$ 取何数为值，都能够求得低于 n 次的多项式 $v(x)$，使得 $v^{(k)}(1) = A_k (k = 0, 1, \cdots, n-1)$. 比如说，多项式

$$v(x) = A_0 + \frac{A_1}{1!}(x-1) + \cdots + \frac{A_{n-1}}{(n-1)!}(x-1)^{n-1}$$

在另一方面,令

$$I_n = \int_{-1}^{1} (x^2 - 1)^n \, \mathrm{d}x$$

便有

$$I_n = \int_{-1}^{1} x^2 (x^2 - 1)^{n-1} \, \mathrm{d}x - I_{n-1}$$

分部积分之,得

$$\int_{-1}^{1} x^2 (x^2 - 1)^{n-1} \, \mathrm{d}x = \frac{1}{2n} \int_{-1}^{1} x \, \mathrm{d}(x^2 - 1)^n = -\frac{1}{2n} I_n$$

这就表示

$$I_n = -\frac{2n}{2n+1} I_{n-1}$$

在这里逐次把 n 换成 $n-1, n-2, \cdots, 1$,把所得等式连乘起来并注意 $I_0 = 2$,我们便得

$$I_n = (-1)^n \frac{(2n)!!}{(2n+1)!!} 2$$

这样一来,等式(122)便呈下形

$$\int_{-1}^{1} X_n^2(x) \, \mathrm{d}x = \frac{(2n)! \, (2n)!!}{(2n+1)!!} 2K_n^2$$

或

$$\int_{-1}^{1} X_n^2(x) \, \mathrm{d}x = \frac{[(2n)!!]^2}{2n+1} 2K_n^2$$

如果要求这个积分等于 1,则应令

$$K_n = \frac{1}{(2n)!!} \sqrt{\frac{2n+1}{2}}$$

于是

$$\hat{X}_n(x) = \sqrt{\frac{2n+1}{2}} \frac{1}{(2n)!!} \frac{\mathrm{d}^n (x^2 - 1)^n}{\mathrm{d}x^n}$$

据一般理论,有

定理 5.1 多项式 $X_n(x)$ 的所有根都是实根,彼此相异并位于开区间 $(-1,1)$ 之内.

然而,不引用一般理论而根据罗德利克公式也容易确定这种事实.实际上,$u_n(x) = (x^2 - 1)^n$ 以 ± 1 为 n 重根.因而,据罗尔(Rolle)定理,$u'_n(x)$ 在开区间 $(-1,1)$ 内有根 ξ_1.此外,点 ± 1 都是 $u'_n(x)$ 的 $n-1$ 重根.这就表示,据罗尔定

理，$u''_n(x)$ 在开区间 $(-1,\xi_1)$ 与 $(\xi_1,1)$ 内有根 η_1 与 η_2. 兹假定对于 $k<n$，导致 $u_n^{(k)}(x)$ 在开区间 $(-1,1)$ 内有 k 个不同的根并且点 ±1 为其 $n-k$ 重根. 这时，据罗尔定理，$u_n^{(k+1)}(x)$ 在开区间 $(-1,1)$ 内将有 $k+1$ 个相异根. 从而便推得本定理.

据罗德利克公式便推出了 $X_n(x)$ 的明显公式，即

$$(x^2-1)^n = \sum_{k=0}^{n}(-1)^k c_n^k x^{2n-2k}$$

所以

$$X_n(x) = K_n \sum_{k=0}^{\left[\frac{n}{2}\right]}(-1)^k \frac{(2n-2k)!}{(n-2k)!}c_n^k x^{n-2k} \tag{123}$$

公式(123)证明，在 $X_n(x)$ 中只出现 x 的与 n 奇偶性相同的乘幂.

从而便推得，在递推公式

$$\widetilde{X}_{n+2}(x)=(x-\alpha_{n+2})\widetilde{X}_{n+1}(x)-\lambda_{n+1}\widetilde{X}_n(x) \tag{124}$$

中（据一般理论，它必然成立），将有 $\alpha_{n+2}=0$.

关于 λ_{n+1}，则正如在一般理论中那样，这个系数可用 $\widetilde{X}_n(x)$ 乘公式(124)，再积分而求得. 和前面一样.

$$\int_{-1}^{1}x\widetilde{X}_{n+1}(x)\widetilde{X}_n(x)\mathrm{d}x = \int_{-1}^{1}\widetilde{X}_{n+1}^2(x)\mathrm{d}x$$

因而

$$\lambda_{n+1}=\frac{\int_{-1}^{1}\widetilde{X}_{n+1}^2(x)\mathrm{d}x}{\int_{-1}^{1}\widetilde{X}_n^2(x)\mathrm{d}x}$$

但是我们已知

$$\int_{-1}^{1}X_n^2(x)\mathrm{d}x = \frac{\left[(2n)!!\right]^2}{2n+1}2K_n^2$$

而对于 $\widetilde{X}_n(x)$ 来说，系数 K_n 的值为 $\frac{n!}{(2n)!}$. 从而，经过简单变换后便得

$$\lambda_{n+1}=\frac{(n+1)^2}{(2n+1)(2n+3)}$$

这就表示

$$\widetilde{X}_{n+2}(x)=x\widetilde{X}_{n+1}(x)-\frac{(n+1)^2}{(2n+1)(2n+3)}\widetilde{X}_n(x) \tag{125}$$

据罗德利克公式 $\widetilde{X}_1(x)=x$；此外，$\widetilde{X}_0(x)=1$. 从而据式(125)便得

$$\widetilde{X}_0(x) = 1$$

$$\widetilde{X}_1(x) = x$$

$$\widetilde{X}_2(x) = \frac{1}{3}(3x^2 - 1)$$

$$\widetilde{X}_3(x) = \frac{1}{5}(5x^3 - 3x)$$

$$\widetilde{X}_4(x) = \frac{1}{35}(35x^4 - 30x^2 + 3)$$

$$\vdots$$

递推公式(125)可以用来构成对应于勒让德多项式的连分式(83). 为此, 应当指出 $\alpha_1 = 0, \lambda_0 = 2$, 因为 α_1 是多项式 $X_1(x)$ 的根, 而 $\lambda_0 = \int_{-1}^{1} \mathrm{d}x$. 若注意到

$$\int_{-1}^{1} \frac{\mathrm{d}t}{x-t} = \ln \frac{x+1}{x-1} \quad (x > 1)$$

则有

$$\ln \frac{x+1}{x-1} = \cfrac{2}{x - \cfrac{1/3}{x - \cfrac{4/15}{x - \cfrac{9/35}{x - \cdots}}}}$$

由式(120)令 $K_n = \dfrac{1}{(2n)!!}$ 所得到的多项式 $X_n(x)$ 在许多问题中都很重要. 我们将用 $P_n(x)$ 来表示这个多项式

$$P_n(x) = \frac{1}{(2n)!!} \frac{\mathrm{d}^n(x^2-1)^n}{\mathrm{d}x^n}$$

显然

$$\hat{X}_n(x) = \sqrt{\frac{2n+1}{2}} P_n(x) ; \widetilde{X}_n(x) = \frac{n!}{(2n-1)!!} P_n(x) \qquad (126)$$

对于这些多项式

$$A_n = \int_{-1}^{1} P_n^2(x) \mathrm{d}x = \frac{2}{2n+1}$$

它们的递推公式具有更简单的形式

$$(n+2)P_{n+2}(x) = (2n+3)xP_{n+1}(x) - (n+1)P_n(x) \qquad (127)$$

除公式(120)与(123)之外, 还可以引出 $X_n(x)$ 明显表达式的公式. 即, 据莱布尼茨公式

$$(uv)^{(n)} = \sum_{k=0}^{n} c_n^k u^{(n-k)} v^{(k)}$$

我们有

$$[(x^2-1)^n]^{(n)} = \sum_{k=0}^{n} c_n^k [(x-1)^n]^{(n-k)} [(x+1)^n]^{(k)}$$

$$= \sum_{k=0}^{n} c_n^k \frac{n!}{k!} (x-1)^k \frac{n!}{(n-k)!} (x+1)^{n-k}$$

从而

$$X_n(x) = K_n n! \sum_{k=0}^{n} [c_n^k]^2 (x-1)^k (x+1)^{n-k}$$

其中

$$P_n(1) = 1, P_n(-1) = (-1)^n \tag{128}$$

由罗德利克公式便推得

定理 5.2 勒让德多项式 $y = X_n(x)$ 满足微分方程

$$(1-x^2)y'' - 2xy' + n(n+1)y = 0 \tag{129}$$

实际上,对等式

$$u = (x^2-1)^n$$

求导数并以 x^2-1 乘所得结果,我们便得

$$u'(x^2-1) = 2nxu$$

对等式两边都求 $n+1$ 阶导数,若注意到莱布尼茨公式,则有

$$\sum_{k=0}^{n+1} c_{n+1}^k u^{(n+2-k)} (x^2-1)^{(k)} = 2n \sum_{k=0}^{n} c_{n+1}^k u^{(n+1-k)} x^{(k)}$$

从而

$$u^{(n+2)}(x^2-1) + (n+1)u^{(n+1)} 2x + \frac{(n+1)n}{2} 2u^{(n)}$$

$$= 2n[u^{(n+1)} x + (n+1)u^{(n)}]$$

注意到 $u^{(n)} = y$,我们便得到方程(129).

最后,我们再指出一个联系三个相邻勒让德多项式的恒等式

$$P'_{n+1}(x) - P'_{n-1}(x) = (2n+1)P_n(x) \tag{130}$$

要证明它,我们把左端写成

$$\alpha = \left\{ \left[\frac{(x^2-1)^{n+1}}{(2n+2)!!} \right]^{(n+1)} - \left[\frac{(x^2-1)^{n-1}}{(2n-2)!!} \right]^{(n-1)} \right\}'$$

这个表达式可以再写成

79

$$\alpha = \left\{\left[\frac{(x^2-1)^{n+1}}{(2n+2)!!}\right]'' - \frac{(x^2-1)^{n-1}}{(2n-2)!!}\right\}^{(n)}$$

但是

$$\left[\frac{(x^2-1)^{n+1}}{(2n+2)!!}\right]'' = \frac{(2n+1)x^2-1}{(2n)!!}(x^2-1)^{n-1}$$

从而

$$\alpha = \left\{\left[\frac{(2n+1)x^2-1}{(2n)!!} - \frac{1}{(2n-2)!!}\right](x^2-1)^{n-1}\right\}^{(n)}$$

$$= \frac{2n+1}{(2n)!!}[(x^2-1)^n]^{(n)}$$

这就证明了恒等式(130).

§2 母 函 数

兹考虑函数

$$X(t,x) = \frac{1}{\sqrt{1-2tx+t^2}}$$

现在我们证明,当 x 固定并且 $|t|$ 足够小时这个函数可以按 t 的乘幂展成级数.
实际上,在二项公式

$$(1-z)^{-1/2} = 1 + \frac{1}{2}z + \frac{3!!}{2^2 2!}z^2 + \frac{5!!}{2^3 3!}z^3 + \cdots \tag{131}$$

中全部系数都是正的. 在其中把 z 换成 $2tx-t^2$,我们便得到 $X(t,x)$ 的形式如
下的表达式

$$X(t,x) = \sum_{k=0}^{+\infty} \alpha_k (2tx-t^2)^k \tag{132}$$

其中所有 α_k 都是正的. 在另一方面,如果在(131)中令 $z = 2|tx|+t^2$,则级数

$$\sum_{k=0}^{+\infty} \alpha_k (2|tx|+t^2) \tag{133}$$

当 $2|tx|+t^2 < 1$ 时收敛. 级数(132)可以写成重级数的形式

$$\alpha_0 +$$

$$\alpha_1 2tx - \quad \alpha_1 t^2 +$$

$$4\alpha_2 x^2 t^2 - 4\alpha_2 xt^3 + \alpha_2 t^4 +$$

$$\cdots$$

这个重级数是绝对收敛的,因为由级数(133)所得到的同样正项重级数是它的优级数.而这时我们就可以把它们的项任意排列.于特例,可以把 t 的乘幂相同的项结合在一起,这就得到了形式如下的等式

$$X(t,x) = \sum_{n=0}^{+\infty} \alpha_n(x) t^n \tag{134}$$

令 $t=0$,得 $\alpha_0(x)=1$,将式(134) 对 t 求导,再令 $t=0$,便得 $\alpha_1(x)=x$. 于是

$$\alpha_0(x) = P_0(x), \alpha_1(x) = P_1(x)$$

兹证明对于任何 n 都有 $\alpha_n(x) = P_n(x)$. 为此目的,将式(134) 对 t 求导

$$\frac{x-t}{(1-2tx+t^2)^{3/2}} = \sum_{n=1}^{+\infty} n\alpha_n(x) t^{n-1} = \sum_{n=0}^{+\infty} (n+1)\alpha_{n+1}(x) t^n$$

用 $1 - 2tx + t^2$ 来乘这个等式并在左端依公式 (134) 来置换 $(1-2tx+t^2)^{-1/2}$ 得

$$(x-t)\sum_{n=0}^{+\infty} \alpha_n(x) t^n = (1-2tx+t^2)\sum_{n=0}^{+\infty} (n+1)\alpha_{n+1}(x) t^n$$

比较 t^n 的系数就得(对于 $n \geq 1$)

$$x\alpha_n(x) - \alpha_{n-1}(x) = (n+1)\alpha_{n+1}(x) - 2nx\alpha_n(x) + (n-1)\alpha_{n-1}(x)$$

从而

$$(n+1)\alpha_{n+1}(x) = (2n+1)x\alpha_n(x) - n\alpha_{n-1}(x) \quad (n \geq 1)$$

在这里把 n 换成 $n+1$,便得到公式

$$(n+2)\alpha_{n+2}(x) = (2n+3)x\alpha_{n+1}(x) - (n+1)\alpha_n(x) \quad (n \geq 0)$$

它与三个相邻多项式 $P_n(x)$ 的公式(127) 具有完全同样的形式.因此我们便证明了

定理 5.3 我们有公式

$$(1-2tx+t^2)^{-\frac{1}{2}} = \sum_{n=0}^{+\infty} P_n(x) t^n \tag{135}$$

这个公式左端叫作勒让德多项式的母函数.

作为公式(135) 的应用,可以来确定多项式 $P_n(x)$ 的估计式.

定理 5.4 在闭区间 $[-1,1]$ 上我们有不等式

$$|P_n(x)| \leq 1 \tag{136}$$

实际上,由 $[-1,1]$ 上取出点 x 后把它写成 $x = \cos\theta$ 的形式,据公式(135)

$$(1-2t\cos\theta+t^2)^{-\frac{1}{2}} = \sum_{n=0}^{+\infty} P_n(\cos\theta) t^n$$

但是

$$1 - 2t\cos\theta + t^2 = (1 - te^{i\theta})(1 - te^{-i\theta})$$

从而,据二项公式(131)得

$$(1 - 2t\cos\theta + t^2)^{-1/2}$$

$$= \left[1 + \sum_{k=1}^{+\infty} \frac{(2k-1)!!}{(2k)!!} t^k e^{ik\theta}\right]\left[1 + \sum_{k=1}^{+\infty} \frac{(2k-1)!!}{(2k)!!} t^k e^{-ik\theta}\right]$$

用通常的方法把这两个级数乘起来,便得到 t^n 的系数 $P_n(\cos\theta)$ 具有以下的形式

$$P_n(\cos\theta) = \frac{(2n-1)!!}{(2n)!!} e^{in\theta} +$$

$$\sum_{k=1}^{n-1} \frac{(2k-1)!!}{(2k)!!} \frac{[2(n-k)-1]!!}{[2(n-k)!!]} e^{i(2k-n)\theta} + \frac{(2n-1)!!}{(2n)!!} e^{-in\theta}$$

兹着重指出,右端的系数全都是正的,这就表示

$$|P_n(\cos\theta)| \leqslant \frac{(2n-1)!!}{(2n)!!} +$$

$$\sum_{k=1}^{n-1} \frac{(2k-1)!!}{(2k)!!} \frac{(2n-2k-1)!!}{(2n-2k)!!} + \frac{(2n-1)!!}{(2n)!!}$$

但是这个不等式右端正是 $P_n(\cos 0) = P_n(1) = 1$. 定理证明. 在以后我们将给出勒让德多项式的其他估计式.

作为应用公式(135)的另外的例,可以举出联系勒让德多项式的三个重要关系式. 即,将公式(135)先对 x 后对 t 求导数各一次,得

$$t(1 - 2tx + t^2)^{-3/2} = \sum_{n=1}^{+\infty} P'_n(x)t^n$$

$$(x - t)(1 - 2tx + t^2)^{-3/2} = \sum_{n=1}^{+\infty} P_n(x)nt^{n-1}$$

从而

$$(x - t)\sum_{n=1}^{+\infty} P'_n(x)t'' = \sum_{n=1}^{+\infty} P_n(x)nt^n$$

或者同样[①]

$$\sum_{n=1}^{+\infty} xP'_n(x)t^n - \sum_{n=1}^{+\infty} P'_{n-1}(x)t^n = \sum_{n=1}^{+\infty} nP_n(x)t^n$$

比较 t 的同次乘幂的系数,便得到我们所注意的第一个关系式

———————

① 在第二个和中可以从 $n = 1$ 而不从 $n = 2$ 开始求和,因为当 $n = 1$ 时 $P'_{n-1}(x) = 0$.

$$xP'_n(x) - P'_{n-1}(x) = nP_n(x) \tag{137}$$

由等式(130)减去这个等式,便得到所提及的第二个关系式

$$P'_{n+1}(x) - xP'_n(x) = (n+1)P_n(x)$$

最后,在这里把 n 换成 $n-1$ 并由所得等式与等式(137)消去 $P'_{n-1}(x)$,便得到前述的最后一个关系式

$$(1 - x^2)P'_n(x) = nP_{n-1}(x) - nxP_n(x)$$

§3 拉普拉斯积分

兹考虑函数

$$y_n(x) = \frac{1}{\pi}\int_0^\pi [x + i\sqrt{1-x^2}\cos\theta]^n d\theta$$

由于 $y_0(x) = 1$ 且 $y_1(x) = x$,故

$$y_0(x) = P_0(x), y_1(x) = P_1(x)$$

我们来证明等式 $y_n(x) = P_n(x)$ 对任何 n 都成立. 为此,显然只需证明三个相邻的函数 y_n, y_{n+1}, y_{n+2} 之间有像勒让德多项式那样的递推关系

$$(n+2)y_{n+2} - (2n+3)xy_{n+1} + (n+1)y_n = 0 \tag{138}$$

即可.

为此目的暂令 $\alpha = x + i\sqrt{1-x^2}\cos\theta$,这时

$$y_n(x) = \frac{1}{\pi}\int_0^\pi \alpha^n d\theta$$

$$y_{n+1}(x) = \frac{1}{\pi}\int_0^\pi [x + i\sqrt{1-x^2}\cos\theta]\alpha^n d\theta$$

$$y_{n+2}(x) = \frac{1}{\pi}\int_0^\pi [x + i\sqrt{1-x^2}\cos\theta]^2\alpha^n d\theta$$

把这些表达式代入关系式(138)的左端,我们将它写成以下的形式

$$\frac{1}{\pi}\int_0^\pi \beta\alpha^n d\theta$$

其中为简便计,系令

$$\beta = (n+2)(x + i\sqrt{1-x^2}\cos\theta)^2 -$$
$$(2n+3)x(x + i\sqrt{1-x^2}\cos\theta) + n+1$$

83

经过简单的变形便得

$$\beta = (n+1)(1-x^2)\sin^2\theta + \mathrm{i}\sqrt{1-x^2}\,(x+\mathrm{i}\sqrt{1-x^2}\cos\theta)\cos\theta$$

用 γ 表示

$$(n+1)(1-x^2)\sin^2\theta$$

而用 δ 表示

$$\mathrm{i}\sqrt{1-x^2}\,(x+\mathrm{i}\sqrt{1-x^2}\cos\theta)\cos\theta$$

这时 $\beta = \gamma + \delta$，但是

$$\int_0^\pi \delta\alpha^n\,\mathrm{d}\theta = \mathrm{i}\sqrt{1-x^2}\int_0^\pi \alpha^{n+1}\cos\theta\mathrm{d}\theta$$

用分部积分法，得

$$\int_0^\pi \delta\alpha^n\,\mathrm{d}\theta = \mathrm{i}\sqrt{1-x^2}\left\{ \left[\alpha^{n+1}\sin\theta\right]_0^\pi - (n+1)\int_0^\pi \alpha^n\alpha'\sin\theta\mathrm{d}\theta \right\}$$

因为 $\alpha' = -\mathrm{i}\sqrt{1-x^2}\sin\theta$，故

$$\int_0^\pi \delta\alpha^n\,\mathrm{d}\theta = -(n+1)(1-x^2)\int_0^\pi \alpha^n\sin^2\theta\mathrm{d}\theta = -\int_0^\pi \gamma\alpha^n\,\mathrm{d}\theta$$

从而

$$\int_0^\pi \beta\alpha^n\,\mathrm{d}\theta = 0$$

我们的论断因而获证. 这样一来，我们便已断定勒让德多项式可以表示成积分

$$P_n(x) = \frac{1}{\pi}\int_0^\pi \left[x+\mathrm{i}\sqrt{1-x^2}\cos\theta\right]^n\mathrm{d}\theta \qquad (139)$$

在这里的积分便叫作拉普拉斯(Laplace) 积分.

由于在 $-1 \leqslant x \leqslant 1$ 上

$$\mid x+\mathrm{i}\sqrt{1-x^2}\cos\theta\mid = \sqrt{x^2+(1-x^2)\cos^2\theta} \leqslant 1$$

显然可知，对这些 x 便有

$$P_n(x) \leqslant \frac{1}{\pi}\int_0^\pi \mid x+\mathrm{i}\sqrt{1-x^2}\cos\theta\mid^n\mathrm{d}\theta \leqslant 1$$

即我们又得到了估计式(136). 对于在开区间$(-1,1)$ 内部的点，可以得到更精确的估计式. 即，把 $\mid x+\mathrm{i}\sqrt{1-x^2}\cos\theta\mid$ 表示成

$$\sqrt{1-(1-x^2)\sin^2\theta}$$

以后，便得

$$\mid P_n(x)\mid \leqslant \frac{1}{\pi}\int_0^\pi \left[1-(1-x^2)\sin^2\theta\right]^{\frac{n}{2}}\mathrm{d}\theta$$

把这个积分分成在区间 $\left[0,\dfrac{\pi}{2}\right]$ 与 $\left[\dfrac{\pi}{2},\pi\right]$ 上的两个积分,在第二个积分中把 θ 换成 $\pi-\theta$,这就给出了不等式

$$|P_n(x)| \leqslant \frac{2}{\pi}\int_0^{\pi/2}\left[1-(1-x^2)\sin^2\theta\right]^{\frac{n}{2}}\mathrm{d}\theta$$

但是当 $0\leqslant\theta\leqslant\dfrac{\pi}{2}$ 时,众所周知

$$\sin\theta \geqslant \frac{2}{\pi}\theta$$

这就表示

$$1-(1-x^2)\sin^2\theta \leqslant 1-\frac{4}{\pi^2}(1-x^2)\theta^2$$

在另一方面,当 $\alpha>0$ 时

$$1-\alpha < \mathrm{e}^{-\alpha}$$

(实际上,当 $\alpha>0$ 时函数 $\varphi(\alpha)=\mathrm{e}^{-\alpha}+\alpha-1$ 的导数是正的,因而 $\varphi(\alpha)>\varphi(0)=0$.)

因此

$$|P_n(x)| \leqslant \frac{2}{\pi}\int_0^{\pi/2}\mathrm{e}^{-\frac{2n}{\pi^2}(1-x^2)\theta^2}\mathrm{d}\theta$$

进而更有

$$|P_n(x)| \leqslant \frac{2}{\pi}\int_0^{+\infty}\mathrm{e}^{-\frac{2n}{\pi^2}(1-x^2)\theta^2}\mathrm{d}\theta$$

于此令

$$\theta = \frac{\pi}{\sqrt{2n(1-x^2)}}t$$

便得

$$|P_n(x)| \leqslant \sqrt{\frac{2}{n}}\,\frac{1}{\sqrt{1-x^2}}\int_0^{+\infty}\mathrm{e}^{-t^2}\mathrm{d}t$$

但是

$$\int_0^{+\infty}\mathrm{e}^{-t^2}\mathrm{d}t = \frac{\sqrt{\pi}}{2}$$

因而最后得

$$|P_n(x)| \leqslant \sqrt{\frac{\pi}{2n}}\,\frac{1}{\sqrt{1-x^2}} \qquad (-1<x<1) \tag{140}$$

§4 按勒让德多项式的展开式

据关系

$$|P_n(x)| \leqslant 1, \hat{X}_n(x) = \sqrt{\frac{2n+1}{2}} P_n(x)$$

便得,勒让德多项式系的核 $K_n(t,x)$ 具有估计式

$$|K_n(t,x)| = \left|\sum_{k=0}^n \hat{X}_k(t)\hat{X}_k(x)\right| \leqslant \sum_{k=0}^n \frac{2k+1}{2} = \frac{(n+1)^2}{2}$$

这就表示,对于相关的勒贝格函数

$$L_n(x) = \int_{-1}^1 |K_n(t,x)| \, \mathrm{d}t$$

有

$$L_n(x) \leqslant (n+1)^2$$

从而根据第四章 §4 的定理 4.20 便推得,凡最佳逼近满足条件

$$\lim_{n\to\infty} n^2 E_n(f) = 0 \tag{141}$$

的每一个连续函数 $f(x)$ 都可以按勒让德多项式展成傅里叶级数,并且此级数在全闭区间 $[-1,1]$ 上一致收敛. 据杰克逊定理(参看第一篇第六章 §2),对于有连续二阶导数的函数条件(141) 必然成立.

因此便得到了

定理 5.5 设定义在 $[-1,1]$ 上的函数 $f(x)$ 有连续的二阶导数 $f''(x)$,则它可以按勒让德多项式展成一致收敛的傅里叶级数.

若不要求 $f(x)$ 在全闭区间 $[-1,1]$ 上的展开可能性而只考虑在闭区间 $[-1+h,1-h](0 < h < 1)$ 上能否展开,则可以把加于 $f(x)$ 上的条件大为放宽. 这种情况是由对闭区间 $[-1+h,1-h]$ 可以用式(140) 所导出的估计式

$$|P_n(x)| \leqslant \sqrt{\frac{\pi}{2n}} \frac{1}{h} \tag{142}$$

来代替估计式 $|P_n(x)| \leqslant 1$(它对于整个闭区间 $[-1,1]$ 是不能再加以改善的,因为 $P_n(1)=1$).

定理 5.6 设 $f(x)$ 在全闭区间 $[-1,1]$ 上满足狄尼(Dini) — 黎普希兹条件

$$\lim_{\delta \to 0} \omega(\delta) \ln \delta = 0 \qquad (143)$$

则在开区间$(-1,1)$内的所有点处它都可以按勒让德多项式展成傅里叶级数，并且这个级数在任一闭区间$[-1+h, 1-h]$上都一致收敛.

为了证明这个定理，我们把积分

$$L_n(x) = \int_{-1}^{1} |K_n(t, x)| \, \mathrm{d}t$$

写成五个积分

$$L_n(x) = \int_{-1}^{-1+\frac{h}{2}} + \int_{-1+\frac{h}{2}}^{x-\frac{1}{n}} + \int_{x-\frac{1}{n}}^{x+\frac{1}{n}} + \int_{x+\frac{1}{n}}^{1-\frac{h}{2}} + \int_{1-\frac{h}{2}}^{1}$$

$$= I_1 + I_2 + I_3 + I_4 + I_5$$

积分 I_1 与 I_5 可以估计如下：据克利斯铎夫－达尔补公式

$$K_n(t, x) = \theta_n \frac{\hat{X}_{n+1}(t)\hat{X}_n(x) - \hat{X}_{n+1}(x)\hat{X}_n(t)}{t - x} \qquad (0 \leqslant \theta_n \leqslant 1)$$

而当 $-1 + h \leqslant x \leqslant 1 - h, -1 \leqslant t \leqslant -1 + \frac{h}{2}$ 时，则 $|t - x| \geqslant \frac{h}{2}$. 此外，据式 (142) 可得

$$|\hat{X}_n(x)| \leqslant \sqrt{\frac{2n+1}{2}} \sqrt{\frac{\pi}{2n}} \frac{1}{h} < \frac{\sqrt{\pi}}{h}$$

这样的估计对 $\hat{X}_{n+1}(x)$ 也成立，因而

$$I_1 \leqslant \frac{2\sqrt{\pi}}{h^2} \left[\int_{-1}^{1} |\hat{X}_n(t)| \, \mathrm{d}t + \int_{-1}^{1} |\hat{X}_{n+1}(t)| \, \mathrm{d}t \right]$$

据布尼亚柯夫斯基不等式

$$\int_{-1}^{1} |\hat{X}_n(t)| \, \mathrm{d}t \leqslant \sqrt{2}$$

因而

$$I_1 \leqslant \frac{4\sqrt{2\pi}}{h^2}$$

这对于 I_5 也成立.

我们转来考虑积分 I_2 与 I_4，为确定起见，只来考虑 I_4，在这里

$$|\hat{X}_n(x)| < \frac{\sqrt{\pi}}{h}, \ |\hat{X}_n(t)| < \frac{2\sqrt{\pi}}{h}$$

因而

$$|K_n(t, x)| \leqslant \frac{4\pi}{h^2(t - x)}$$

从而

$$I_4 \leqslant \frac{4\pi}{h^2} \int_{x+\frac{1}{n}}^{1-\frac{h}{2}} \frac{\mathrm{d}t}{t-x} = \frac{4\pi}{h^2} \left[\ln n + \ln \left(1 - \frac{h}{2} - x \right) \right]$$

但是

$$\ln \left(1 - \frac{h}{2} - x \right) \leqslant \ln 2$$

因而

$$I_4 < \frac{4\pi}{h^2} \ln n + \frac{4\pi}{L^2} \ln 2$$

对于 I_2 也一样.

最后，I_3 可估计如下

$$| \hat{X}_k(x) | < \frac{\sqrt{\pi}}{h}, | \hat{X}_k(t) | < \frac{2\sqrt{\pi}}{h}$$

这就表示

$$| K_n(t,x) | \leqslant \sum_{k=0}^{n} | \hat{X}_k(t) \hat{X}_k(x) | \leqslant \frac{2\pi}{h^2}(n+1)$$

因此

$$I_3 = \int_{x-\frac{1}{n}}^{x+\frac{1}{n}} | K_n(t,x) | \, \mathrm{d}t \leqslant \frac{4\pi(n+1)}{nh^2} < \frac{8\pi}{h^2}$$

于是,对于函数 $L_n(x)$ 我们便得到了估计式

$$L_n(x) < \frac{8\sqrt{2\pi}}{h^2} + \frac{8\pi}{h^2} \ln n + \frac{8\pi}{h^2} = \frac{8\pi}{h^2} \ln 2 \tag{144}$$

如果条件(143)成立,则据杰克逊定理将有

$$\lim_{n \to \infty} E_n(f) \ln n = 0$$

因而(由式(144))

$$\lim_{n \to \infty} E_n(f) L_n(x) = 0$$

这就证明了本定理.

在定理 5.5 与 5.6 中系假定了求展式的函数 $f(x)$ 在全闭区间 $[-1,1]$ 上具有一定的构造微分性质. 与此相应,得以确定 $f(x)$ 在全闭区间 $[-1,1]$ 上或在开区间 $(-1,1)$ 内的展开可能性. 于是,这些定理都具有非局部的特征. 由于在开区间 $(-1,1)$ 的每一个内点 x 处多项式 $\hat{X}_n(x)$ 都以同一数为界

$$| \hat{X}_n(x) | \leqslant \frac{\sqrt{\pi}}{2} \sqrt{\frac{2n+1}{n}} \frac{1}{\sqrt{1-x^2}} \leqslant \frac{\sqrt{3\pi}}{2\sqrt{1-x^2}} \tag{145}$$

所以,由第四章 §4 定理 4.15,我们可以得到纯局部性的结果

定理 5.7 设 $f(x) \in L^2$,若它在开区间 $(-1,1)$ 内的点 x 处满足条件

$$\int_{-1}^{1} \left[\frac{f(t) - f(x)}{t - x} \right]^2 \mathrm{d}t < +\infty \tag{146}$$

则在这点它便可以按勒让德多项式展成傅里叶级数.

其中,若存在有限的导数 $f'(x)$,则此条件成立.

估计式(145)使得能够把第四章 §4 定理 4.18 中所证明了的一般的局部性原理搬到勒让德多项式上来

定理 5.8 设 L^2 中的两个函数 $f(x)$ 与 $g(x)$ 在开区间 $(x_0 - h, x_0 + h)$ 内相等,则

$$\lim_{n \to \infty} \{ S_n[f, x_0] - S_n[g, x_0] \} = 0$$

在这里 $S_n[f, x_0]$ 与 $S_n[g, x_0]$ 是按照勒让德多项式展开式的部分和.

定理 5.9 设 $f(x)$ 为函数类 L^2 中的函数,它在开区间 $(-1,1)$ 内的某一点 x 处,极限 $f(x-0)$ 与 $f(x+0)$ 都存在.

设积分

$$\int_{-1}^{x} \left[\frac{f(t) - f(x-0)}{t - x} \right]^2 \mathrm{d}t, \int_{x}^{1} \left[\frac{f(t) - f(x+0)}{t - x} \right]^2 \mathrm{d}t \tag{147}$$

都有限,则函数 $f(x)$ 按勒让德多项式展成的傅里叶级数在点 x 处收敛于和

$$\frac{f(x-0) + f(x+0)}{2}$$

为证明计,我们先来考虑最简单的函数 $h(t)$,它在 $-1 \leqslant t \leqslant x$ 时等于 1 而在 $x < t \leqslant 1$ 时等于 0. 它的傅里叶系数是

$$c_k = \int_{-1}^{x} \hat{X}_k(t) \mathrm{d}t$$

但是据恒等式(130),当 $k \geqslant 1$ 时

$$\hat{X}_k(t) = \sqrt{\frac{2k+1}{2}} P_k(t) = \frac{1}{\sqrt{4k+2}} [P'_{k+1}(t) - P'_{k-1}(t)]$$

这就表示,由于 $P_{k+1}(-1) = P_{k-1}(-1) = (-1)^{k-1}$

$$c_k = \frac{1}{\sqrt{4k+2}} [P_{k+1}(x) - P_{k-1}(x)]$$

在另一方面,$\hat{X}_0(x) = \frac{1}{\sqrt{2}}$ 且 $c_0 = \frac{x+1}{\sqrt{2}}$,所以函数 $h(t)$ 的傅里叶级数的部分和在点 x 处为

89

$$S_n(x) = \frac{1+x}{2} + \sum_{k=1}^{n} \frac{1}{\sqrt{4k+2}} [P_{k+1}(x) - P_{k-1}(x)] \hat{X}_k(x)$$

但是 $\hat{X}_k(x) = \sqrt{\dfrac{2k+1}{2}} P_k(x)$，所以

$$S_n(x) = \frac{1+x}{2} + \frac{1}{2} \sum_{k=1}^{n} [P_{k+1}(x) P_k(x) - P_k(x) P_{k-1}(x)]$$

$$= \frac{1}{2} [1 + x + P_{n+1}(x) P_n(x) - P_1(x) P_0(x)]$$

注意到 $P_0(x) = 1, P_1(x) = x$，最后便得

$$S_n(x) = \frac{1}{2} + \frac{1}{2} P_{n+1}(x) P_n(x)$$

从而

$$\lim_{n \to \infty} S_n(x) = \frac{1}{2}$$

在另一方面，和 $S_n(x)$ 可以按公式

$$S_n(x) = \int_{-1}^{n} K_n(t,x) \mathrm{d}t$$

来计算，所以

$$\lim_{n \to \infty} \int_{-1}^{x} K_n(t,x) \mathrm{d}t = \frac{1}{2} \tag{148}$$

而由于核 $K_n(t,x)$ 在全闭区间 $[-1,1]$ 上的积分等于 1，故有

$$\lim_{n \to \infty} \int_{x}^{1} K_n(t,x) \mathrm{d}t = \frac{1}{2}$$

在转来考虑函数 $f(t)$ 时，我们把它的傅里叶级数部分和写成下形

$$\int_{-1}^{x} f(t) K_n(t,x) \mathrm{d}t + \int_{x}^{1} f(t) K_n(t,x) \mathrm{d}t$$

为证明本定理只需确定

$$\lim_{n \to \infty} \int_{-1}^{x} f(t) K_n(t,x) \mathrm{d}t = \frac{1}{2} f(x-0)$$

$$\lim_{n \to \infty} \int_{x}^{1} f(t) K_n(t,x) \mathrm{d}t = \frac{1}{2} f(x+0)$$

因为二者的证明完全相似，我们只来建立这两个等式中的第一个. 据式 (148)，问题便归结为证明

$$\lim_{n \to \infty} \int_{-1}^{x} [f(t) - f(x-0)] K_n(t,x) \mathrm{d}t = 0 \tag{149}$$

而据克利斯铎夫·达尔补公式

$$K_n(t,x) = \theta_n \frac{\hat{X}_{n+1}(t)\hat{X}_n(x) - \hat{X}_{n+1}(x)\hat{X}_n(t)}{t-x} \quad (0 \leqslant \theta_n \leqslant 1)$$

这就表示在式(149)中出现的积分可以写成

$$\theta_n[d_{n+1}\hat{X}_n(x) - d_n\hat{X}_{n+1}(x)]$$

其中

$$d_n = \int_{-1}^{x} \frac{f(t) - f(x-0)}{t-x} \hat{X}_n(t)\mathrm{d}t$$

d_{n+1} 也类似. 数 d_n 便是在 $-1 \leqslant t \leqslant x$ 时等于 $\frac{f(t) - f(x-0)}{t-x}$,而在 $x < t \leqslant 1$ 时等于 0 的函数的傅里叶系数,据假设此函数属于 L^2,因而它的傅里叶系数当 n 增大时趋于 0. 在另一方面,函数 $\hat{X}_n(x)$ 是有界的,从而便得出了等式(149),定理得到证明.

对于勒让德多项式已证明了的估计式

$$|\hat{X}_n(x)| \leqslant \sqrt{\frac{2n+1}{2}} \quad (-1 \leqslant x \leqslant 1)$$

$$|\hat{X}_n(x)| \leqslant \frac{c}{\sqrt{1-x^2}} \quad (-1 < x < 1)$$

使得可以得出关于按与异于 1 的权 $\sigma(x)$ 直交的多项式 $\varphi_n(x)$ 展开式的一些结果. 实际上,据第四章 §5 的定理,当 $\sigma(x)$ 是满足黎普希兹条件而在 $[-1,1]$ 上具有正的下确界的函数时,其中当 $\sigma(x) = Q(x)$ 或 $\sigma(x) = \frac{1}{Q(x)}$ 时,$Q(x)$ 为在 $[-1,1]$ 上无根的多项式,对于多项式 $\varphi_n(x)(n \geqslant 1)$ 有估计式

$$|\varphi_n(x)| \leqslant A\sqrt{n} \quad (-1 \leqslant x \leqslant 1)$$

$$|\varphi_n(x)| \leqslant \frac{A}{\sqrt{1-x^2}} \quad (-1 < x < 1) \tag{150}$$

其中 A 是某一个常数,从而便推得

定理 5.10 具有连续二阶导数 $f''(x)$ 的函数 $f(x)$ 在 $[-1,1]$ 上可以按多项式 $\varphi_n(x)$ 展成一致收敛的级数. 如果函数 $f(x)$ 只有满足阶数 $\alpha > \frac{1}{2}$ 的黎普希兹条件的一阶导数 $f'(x)$,则它可以在区间 $(-1,1)$ 内按多项式 $\varphi_n(x)$ 展开并且所得级数在任一闭区间 $[-1+h, 1-h]$ 上一致收敛.

实际上,据刚才所述,对于核 $K_n(t,x)(n \geqslant 1)$,有估计式

$$| K_n(t, x) | \leqslant A_1 n^2 \quad (-1 \leqslant x \leqslant 1, -1 \leqslant t \leqslant 1)$$

$$| K_n(t, x) | \leqslant \frac{A_1}{\sqrt{1 - x^2}} \sum_{k=1}^{n} \sqrt{k} \quad (-1 < x < 1, -1 \leqslant t \leqslant 1)$$

其中 A_1 为某一新常数[①]. 因此,对于勒贝格函数

$$L_n(x) = \int_{-1}^{1} | K_n(t, x) | \, \mathrm{d}t$$

便有

$$L_n(x) \leqslant 2A_1 n^2 \quad (-1 \leqslant x \leqslant 1)$$

$$L_n(x) \leqslant \frac{2A_1}{\sqrt{1 - x^2}} n^{3/2} \quad (-1 < x < 1)$$

从而,一方面根据第四章 §4 的一般结果,另一方面根据杰克逊定理,便证明了所述结论的正确性.

[①] 在核中出现加数 $\varphi_0(t)\varphi_0(x)$,对于这个函数,不等式(150)不能应用,这就得出了增大常数的必要性.

雅可比多项式

§1 广义罗德利克公式

定义 6.1 所谓雅可比(Jacobi)多项式,便是在区间 $[-1,1]$ 上关于权

$$p(x) = (1-x)^\alpha (1+x)^\beta$$

组成直交系的那些多项式.

因为我们总假定权函数是可求和的,所以这表明指数 α 与 β 应满足条件

$$\alpha > -1, \beta > -1$$

正如同对于勒让德多项式的情形一样,以上所列的定义确定了雅可比多项式而最多只有常数因子的差别. 当我们不去确定这个因子时,便用 $J_n^{(\alpha,\beta)}(x)$ 去表示雅可比多项式. 当选取这个因子使多项式最高项系数等于 1 时,便采用记号 $\tilde{J}_n^{(\alpha,\beta)}(x)$. 当谈到标准的雅可比多项式时(这时多项式最高项系数是正的),便用 $\hat{J}_n^{(\alpha,\beta)}(x)$ 来表示它们. 今后还需要上述因子的一个特别的选法,关于这一点我们以后再讲.

容易看出,勒让德多项式是雅可比多项式对应于 $\alpha = \beta = 0$ 的特例. 同样当 $\alpha = \beta = -\frac{1}{2}$ 时,雅可比多项式就化为我们已经考虑过的切比雪夫多项式. 在后面我们要讲到所谓第二类的切比雪夫多项式,它们也是雅可比多项式相应于 $\alpha = \beta = \frac{1}{2}$ 的特例,必须指出,指数相等 $\alpha = \beta$ 的情形一般说来是具有某种特异性的,而对应的雅可比多项式称为超球多项式.

93

在研究雅可比多项式时,公式

$$J_n^{(\alpha,\beta)}(x) = K_n(1-x)^{-\alpha}(1+x)^{-\beta}\frac{\mathrm{d}^n}{\mathrm{d}x^n}\left[(1-x)^{\alpha+n}(1+x)^{\beta+n}\right] \quad (151)$$

是很有用的,它是罗德利克公式的直接推广,当 $\alpha=\beta=0$ 时公式(151)便化为罗德利克公式.

为了证明这个公式,我们注意到根据莱布尼茨公式有

$$\frac{\mathrm{d}^n}{\mathrm{d}x^n}\left[(1-x)^{\alpha+n}(1+x)^{\beta+n}\right] = \sum_{k=0}^n h_k(1-x)^{\alpha+n-k}(1+x)^{\beta+k}$$

其中 h_k 是一些常系数.因而

$$\frac{\mathrm{d}^n}{\mathrm{d}x^n}\left[(1-x)^{\alpha+n}(1+x)^{\beta+n}\right] = (1-x)^{\alpha}(1+x)^{\beta}y_n(x) \quad (152)$$

其中 $y_n(x)$ 是次数不高于 n 的某一多项式.我们不久便可证明,$y_n(x)$ 的次数等于 n,而目前则只看出 $y_n(x)$ 是不恒等于 0 的①.

我们再指出,当 $m < n$ 时,仍根据莱布尼茨公式将有

$$\varphi_m(x) = \frac{\mathrm{d}^m}{\mathrm{d}x^m}\left[(1-x)^{\alpha+n}(1+x)^{\beta+n}\right]$$

$$= \sum_{k=0}^m h'_k(1-x)^{\alpha+n-k}(1+x)^{\beta+n-m+k}$$

在后面的和数中指数 $\alpha+n-k$ 与 $\beta+n-m+k$ 都是正的.因此

$$\varphi_m(-1) = \varphi_m(1) = 0 \quad (153)$$

建立了这个之后,我们来考虑积分

$$J = \int_{-1}^1 (1-x)^{\alpha}(1+x)^{\beta}v(x)y_n(x)\mathrm{d}x \quad (154)$$

其中 $v(x)$ 是次数低于 n 的任一多项式.根据式(152)这个积分可写成

$$J = \int_{-1}^1 u^{(n)}(x)v(x)\mathrm{d}x$$

其中系令

$$u(x) = (1-x)^{\alpha+n}(1+x)^{\beta+n}$$

利用推广的分部积分公式得

---

① 如果是 $y_n(x) = 0$,这就表示 $(1-x)^{\alpha+n}(1+x)^{\beta+n}$ 是次数不高于 $n-1$ 的多项式,但这是不可能的,因为,只有点 ± 1 才是函数 $(1-x)^{\alpha+n}(1+x)^{\beta+n}$ 的根.这就表示,假如这个函数是次数 $\leqslant n-1$ 的多项式,那么恒等式 $(1-x)^{\alpha+n}(1+x)^{\beta+n} = (1-x)^a(1+x)^b$ 成立,其中 a 与 b 都是非负的整数而且 $a+b \leqslant n-1$.而这又导出等式 $\alpha+n = a$,与条件 $a > -1$ 相矛盾.

$$J = \left[u^{(n-1)}v - u^{(n-2)}v + \cdots + \right.$$

$$\left. (-1)^{n-1}uv^{(n-1)} \right]_{-1}^{1} + (-1)^n \int_{-1}^{1} uv^{(n)} \mathrm{d}x \qquad (155)$$

但由条件(153),右端积分号外的项等于 0,又因为 $v^{(n)}(x) = 0$,所以

$$J = 0$$

这样 来,$y_n(x)$ 关于权

$$(1-x)^\alpha(1+x)^\beta$$

与所有次数低于 n 的多项式为直交. 这表示 $y_n(x)$ 的次数不可能低于 n,否则的话它将与其自身成直交,因为 $y_n(x)$ 不恒等于 0,所以这是不可能的. 于是 $y_n(x)$ 是 n 次多项式,它与所有低次的多项式关于权 $(1-x)^\alpha(1+x)^\beta$ 为直交. 我们知道这也就表明 $y_n(x)$ 与 $J_n^{(\alpha,\beta)}(x)$ 只能相差一个常数因子.

如果在积分(154)中令 $v(x) = y_n(x)$ 再来考虑它,再应用公式(155)我们便得到

$$\int_{-1}^{1} (1-x)^\alpha(1+x)^\beta y_n^2(x) \mathrm{d}x = (-1)^n \int_{-1}^{1} u(x) y_n^{(n)}(x) \mathrm{d}x$$

但是

$$y_n^{(n)}(x) = n! \ q_n$$

其中 q_n 是 $y_n(x)$ 的最高次项系数. 这就表示

$$\int_{-1}^{1} (1-x)^\alpha(1+x)^\beta y_n^2(x) \mathrm{d}x$$

$$= (-1)^n n! \ q_n \int_{-1}^{1} (1-x)^{\alpha+n}(1+x)^{\beta+n} \mathrm{d}x$$

在后面一个积分中,取 $x = 2t - 1$,我们便把它化为如下的形式

$$2^{\alpha+\beta+2n+1} \int_{0}^{1} (1-t)^{\alpha+n} t^{\beta+n} \mathrm{d}t$$

$$= 2^{\alpha+\beta+2n+1} B(\alpha+n+1, \beta+n+1)$$

其中

$$B(p,q) = \int_{0}^{1} (1-x)^{p-1} x^{q-1} \mathrm{d}x$$

是熟知的欧拉(Euler)积分.

因为

$$B(p,q) = \frac{\Gamma(p)\Gamma(q)}{\Gamma(p+q)}$$

所以

$$\int_{-1}^{1} (1-x)^{\alpha}(1+x)^{\beta}y_n^2(x)\,dx$$

$$= (-1)^n n! \; q_n 2^{\alpha+\beta+2n+1} \frac{\Gamma(\alpha+n+1)\Gamma(\beta+n+1)}{\Gamma(\alpha+\beta+2n+2)} \tag{156}$$

现在我们设法去求多项式 $y_n(x)$ 最高项系数 q_n 的表达式. 顺便我们也去求跟在它后面的一个系数 p_n, 它是包含在 $y_n(x)$ 中的 x^{n-1} 的系数, 这在以后也是需要的.

为此我们首先注意到, 因为

$$y_n(x) = (1-x)^{-\alpha}(1+x)^{-\beta} \frac{d^n}{dx^n}\big[(1-x)^{\alpha+n}(1+x)^{\beta+n}\big]$$

所以根据莱布尼茨公式可得

$$y_n(x) = \sum_{k=0}^{n} c_n^k (-1)^k (\alpha+n)\cdots(\alpha+n-k+1) \cdot$$

$$(1-x)^{n-k}(\beta+n)\cdots(\beta+k+1)(1+x)^{\beta+k} \tag{157}$$

而另一方面, 当 $x>1$ 时

$$(x-1)^{-\alpha}(x+1)^{-\beta} \frac{d^n}{dx^n}\big[(x-1)^{\alpha+n}(x+1)^{\beta+n}\big]$$

$$= \sum_{k=0}^{n} c_n^k (\alpha+n)\cdots(\alpha+n-k+1)(x-1)^{n-k}(\beta+n)\cdots$$

$$(\beta+k+1)(x+1)^{\beta+k} \tag{158}$$

比较 (157) 与 (158) 两式我们看出, 当 $x>1$ 时, 多项式 $y_n(x)$ 可以表达成

$$y_n(x) = (-1)^n (x-1)^{-\alpha}(x+1)^{-\beta} \frac{d^n}{dx^n}\big[(x-1)^{\alpha+n}(x+1)^{\beta+n}\big] \tag{159}$$

但是, 利用牛顿二项公式可知

$$(x-1)^{\alpha+n} = x^{\alpha+n}\left(1-\frac{1}{x}\right)^{\alpha+n} = x^{\alpha+n} - (\alpha+n)x^{\alpha+n-1} + \cdots$$

$$(x+1)^{\beta+n} = x^{\beta+n}\left(1+\frac{1}{x}\right)^{\beta+n} = x^{\beta+n} + (\beta+n)x^{\beta+n-1} + \cdots$$

由此得到

$$(x-1)^{\alpha+n}(x+1)^{\beta+n} = x^{\alpha+\beta+2n} + (\beta-\alpha)x^{\alpha+\beta+2n-1} + \cdots$$

与

$$\frac{d^n}{dx^n}\big[(x-1)^{\alpha+n}(x+1)^{\beta+n}\big] = (\alpha+\beta+2n)\cdots(\alpha+\beta+n+1)x^{\alpha+\beta+n} +$$

$$(\beta-\alpha)(\alpha+\beta+2n-1)\cdots(\alpha+\beta+n)x^{\alpha+\beta+n-1}+\cdots \tag{160}$$

仿此

$$(x-1)^{-\alpha}(x+1)^{-\beta}=x^{-\alpha-\beta}\Big(1-\frac{1}{x}\Big)^{-\alpha}\Big(1+\frac{1}{x}\Big)^{-\beta}$$

$$=x^{-\alpha-\beta}+(\alpha-\beta)x^{-\alpha-\beta-1}+\cdots \tag{161}$$

比较(159),(160)与(161)三式我们便得到

$$y_n(x)=(-1)^n[(\alpha+\beta+2n)\cdots(\alpha+\beta+n+1)x^n+$$

$$(\alpha-\beta)n(\alpha+\beta+2n-1)\cdots(\alpha+\beta+n+1)x^{n-1}+\cdots]$$

于是

$$q_n=(-1)^n(\alpha+\beta+2n)\cdots(\alpha+\beta+n+1)$$

$$=(-1)^n\frac{\Gamma(\alpha+\beta+2n+1)}{\Gamma(\alpha+\beta+n+1)}$$

$$P_n=(-1)^n(\alpha-\beta)n(\alpha+\beta+2n-1)\cdots(\alpha+\beta+n+1)$$

$$=(-1)^n n(\alpha-\beta)\frac{\Gamma(\alpha+\beta+2n)}{\Gamma(\alpha+\beta+n+1)} \tag{162}$$

把 q_n 代入公式(156)并注意到

$$\frac{\Gamma(\alpha+\beta+2n+1)}{\Gamma(\alpha+\beta+2n+2)}=\frac{1}{\alpha+\beta+2n+1}$$

时,我们便得到

$$\int_{-1}^{1}(1-x)^{\alpha}(1+x)^{\beta}y_n^2(x)\mathrm{d}x$$

$$=2^{\alpha+\beta+2n+1}\frac{\Gamma(\alpha+n+1)\Gamma(\beta+n+1)}{\Gamma(\alpha+\beta+n+1)}\frac{n!}{\alpha+\beta+2n+1} \tag{163}$$

利用广义罗德利克公式(151)便有

$$J_n^{(\alpha,\beta)}(x)=K_n y_n(x)$$

这就表示

$$\tilde{J}_n^{(\alpha,\beta)}(x)=(-1)^n\frac{\Gamma(\alpha+\beta+n+1)}{\Gamma(\alpha+\beta+2n+1)}y_n(x) \tag{164}$$

$$\hat{J}_n^{(\alpha,\beta)}(x)=(-1)^n\sqrt{2^{-(\alpha+\beta+2n+1)}\frac{\Gamma(\alpha+\beta+n+1)}{\Gamma(\alpha+n+1)\Gamma(\beta+n+1)}\frac{\alpha+\beta+2n+1}{n!}}+y_n(x)$$

$$\tag{165}$$

在这里

$$y_n(x)=(1-x)^{-\alpha}(1+x)^{-\beta}\frac{\mathrm{d}^n}{\mathrm{d}x^n}[(1-x)^{\alpha+n}(1+x)^{\beta+n}]$$

这些公式对于所有的 $n>0$ 都适用. 当 $n=0$ 时它们也成立, 只需 $\alpha+\beta+1\neq 0$ 即可. 如果 $n=\alpha+\beta+1=0$, 那么公式不再有意义了. 但显然有

$$y_0(x)=1$$

这就表示

$$\widetilde{J}_0^{(\alpha,\beta)}(x)=y_0(x)$$

而另一方面, 令 $x=2t-1$, 便得到

$$\int_{-1}^{1}(1-x)^\alpha(1+x)^\beta \mathrm{d}x=2^{\alpha+\beta+1}\int_0^1(1-t)^\alpha t^\beta \mathrm{d}t$$
$$=2^{\alpha+\beta+1}B(\alpha+1,\beta+1)$$
$$=2^{\alpha+\beta+1}\frac{\Gamma(\alpha+1)\Gamma(\beta+1)}{\Gamma(\alpha+\beta+2)}$$

因此当 $\alpha+\beta+1=0$ 时, 我们有[①]

$$\hat{J}_0^{(\alpha,\beta)}(x)=\frac{1}{\sqrt{\Gamma(\alpha+1)\Gamma(\beta+1)}}$$

在某些情形中, 宜考虑对应于值 $K_n=\dfrac{(-1)^n}{2^n n!}$ 的雅可比多项式.

我们将用 $P_n^{(\alpha,\beta)}(x)$ 来表示这些多项式, 于是

$$P_n^{(\alpha,\beta)}(x)=\frac{(-1)^n}{2^n n!}(1-x)^{-\alpha}(1+x)^{-\beta}\frac{\mathrm{d}^n}{\mathrm{d}x^n}\big[(1-x)^{\alpha+n}(1+x)^{\beta+n}\big]$$

而公式 (164) 与 (165) 乃取如下的形式

$$\widetilde{J}_n^{(\alpha,\beta)}(x)=\frac{\Gamma(\alpha+\beta+n+1)}{\Gamma(\alpha+\beta+2n+1)}2^n n!\ P_n^{(\alpha,\beta)}(x) \tag{166}$$

$$\hat{J}_n^{(\alpha,\beta)}(x)=\sqrt{\frac{\Gamma(\alpha+\beta+n+1)}{\Gamma(\alpha+n+1)\Gamma(\beta+n+1)}\frac{\alpha+\beta+2n+1}{2^{\alpha+\beta+1}}}n!\ P_n^{(\alpha,\beta)}(x)$$

$$\tag{167}$$

最后我们指出, 广义罗德利克公式能给出切比雪夫多项式一个新的表达式

$$T_n(x)=K_n\sqrt{1-x^2}\frac{\mathrm{d}^n(1-x^2)^{n-\frac{1}{2}}}{\mathrm{d}x^n}$$

---

① 注意到 $\Gamma(\alpha+\beta+2)=\Gamma(1)=1$.

§2 递推公式、母函数、微分方程

根据直交多项式的一般理论,三个相邻的雅可比多项式应由递推公式

$$\tilde{J}_{n+2}^{(\alpha,\beta)}(x) = (x - \alpha_{n-2})\tilde{J}_{n+1}^{(\alpha,\beta)}(x) - \lambda_{n+1}\tilde{J}_n^{(\alpha,\beta)}(x) \tag{168}$$

相联系着.

比较 x^{n+1} 的系数便容易求得参数 α_{n+2},利用式(164)与(162)经过简单的变形我们便得到

$$\alpha_{n+2} = \frac{\beta^2 - \alpha^2}{(\alpha+\beta+2n+2)(\alpha+\beta+2n+4)} \tag{169}$$

系数 λ_{n+1} 可以按照公式(73),(164)与(163)来确定. 显然

$$\lambda_{n+1} = \frac{(\alpha+n+1)(\beta+n+1)(\alpha+\beta+n+1)}{(\alpha+\beta+2n+1)(\alpha+\beta+2n+2)^2(\alpha+\beta+2n+3)} 4(n+1) \tag{170}$$

对于超球函数,这时 $\beta=\alpha$,公式(169)与(170)就简单化了而取如下的形式

$$\alpha_{n+2} = 0, \lambda_{n+1} = \frac{2\alpha+n+1}{(2\alpha+2n+1)(2\alpha+2n+3)}(n+1)$$

因为, $\tilde{J}_0^{(\alpha,\beta)}(x) = 1$,而[①]

$$\tilde{J}_1^{(\alpha,\beta)}(x) = x + \frac{\alpha-\beta}{\alpha+\beta+2} \tag{171}$$

所以递推公式(168)使得能够一个接一个地去计算多项式 $\tilde{J}_n^{(\alpha,\beta)}(x)$. 但是它们的表达式是越来越累赘了. 例如 $\tilde{J}_2^{(\alpha,\beta)}(x)$ 的形式就已经是

$$\tilde{J}_2^{(\alpha,\beta)}(x) = x^2 + 2\frac{\alpha-\beta}{\alpha+\beta+4}x + \frac{(\alpha-\beta)^2 - (\alpha+\beta) - 4}{(\alpha+\beta+3)(\alpha+\beta+4)}$$

为了得到雅可比多项式,另外的办法是用它们的母函数. 可以证明多项式 $P_n^{(\alpha,\beta)}(x)$ 是下述函数的展开式中 t^n 的系数

$$J(t,x) = \frac{2^{\alpha+\beta}}{\sqrt{1-2tx+t^2}}(1-t+\sqrt{1-2tx+t^2})^{-\alpha}(1+t+\sqrt{1-2tx+t^2})^{-\beta}$$

但是这时计算是很繁重的. 真正计算雅可比多项式最适用的也许是公式

$$P_n^{(\alpha,\beta)}(x) = \frac{1}{2^n n!}\sum_{k=0}^n C_n^k \frac{\Gamma(\alpha+n+1)}{\Gamma(\alpha+n-k+1)}\frac{\Gamma(\beta+n+1)}{\Gamma(\beta+k+1)}(x-1)^{n-k}(x+1)^k$$

$$\tag{172}$$

---

① 等式(171)可以直接由等式(164)与广义的罗德利克公式推出.

这可由式(157)直接推出.

于特例,由公式(172)可得

$$P_n^{(\alpha,\beta)}(1) = \frac{\Gamma(\alpha+n+1)}{n!\ \Gamma(\alpha+1)} \qquad (173)$$

$$P_n^{(\alpha,\beta)}(-1) = (-1)^n\frac{\Gamma(\beta+n+1)}{n!\ \Gamma(\beta+1)} \qquad (174)$$

定理 6.1 多项式 $J_n^{(\alpha,\beta)}(x)$ 满足微分方程

$$(1-x^2)y'' + [\beta-\alpha-(\alpha+\beta+2)x]y' + n(\alpha+\beta+n+1)y = 0 \quad (175)$$

为了证明,我们指出

$$y = J_n^{(\alpha,\beta)}(x) = (1-x)^{-\alpha}(1+x)^{-\beta}u^{(n)} \qquad (176)$$

其中

$$u = (1-x)^{\alpha+n}(1+x)^{\beta+n}$$

因为

$$u' = (1-x)^{\alpha+n-1}(1+x)^{\beta+n-1}[\beta-\alpha-(\alpha+\beta+2n)x]$$

所以

$$(1-x^2)u' = [\beta-\alpha-(\alpha+\beta+2n)x]u$$

对这两个等式的两端取 $n+1$ 阶导数,根据莱布尼茨公式将有

$$\sum_{k=0}^{n+1}C_{n+1}^k(1-x^2)^{(k)}u^{(n+2-k)}$$

$$= \sum_{k=0}^{n+1}C_{n+1}^k[\beta-\alpha-(\alpha+\beta+2n)x]^{(k)}u^{(n+1-k)}$$

由此得

$$(1-x^2)u^{(n+2)} - 2(n+1)xu^{(n+1)} - (n+1)nu^{(n)}$$

$$= [\beta-\alpha-(\alpha+\beta+2n)x]u^{(n+1)} - (n+1)(\alpha+\beta+2n)u^{(n)}$$

因而

$$(1-x^2)u^{(n+2)} + [\alpha-\beta+(\alpha+\beta-2)x]u^{(n+1)} +$$

$$(n+1)(\alpha+\beta+n)u^{(n)} = 0 \qquad (177)$$

但由式(176)得到

$$u^{(n)} = (1-x)^\alpha(1+x)^\beta y$$

由此可求得 $u^{(n+1)}$ 与 $u^{(n+2)}$ 而把它们代入等式(177)我们就得到微分方程(175).

§3 雅可比多项式的估值、展开问题

现在我们就雅可比多项式来建立一些估值式,这时我们只限于去考虑

$$\sigma = \max\{\alpha, \beta\} \geqslant -\frac{1}{2} \qquad (178)$$

的情形,因为对于 $\sigma < -\frac{1}{2}$ 的情形,研究是相当困难的.

定理 6.2 在条件(178)下,$J_n^{(\alpha,\beta)}(x)$(在闭区间 $[-1,1]$ 上)的值的最大模是在点 ± 1 中之一处达到的[①].

为了证明,我们用 y 来表示 $J_n^{(\alpha,\beta)}(x)$ 并令

$$\psi(x) = y^2 + \frac{1-x^2}{n(\alpha+\beta+n+1)} y'^2 \qquad (179)$$

于是

$$\psi'(x) = 2yy' - \frac{2x}{n(\alpha+\beta+n+1)} y'^2 + \frac{1-x^2}{n(\alpha+\beta+n+1)} 2y'y''$$

但是因为 y 满足微分方程(175),所以

$$\psi'(x) = \frac{2}{n(\alpha+\beta+n+1)} [(\alpha+\beta+1)x - (\beta-\alpha)] y'^2$$

我们先假设

$$\alpha > -\frac{1}{2}, \beta > -\frac{1}{2} \qquad (180)$$

于是 $\alpha+\beta+1 > 0$ 并且

$$\psi'(x) = K^2(x-x_0) y'^2$$

在这里系令

$$x_0 = \frac{\beta-\alpha}{\alpha+\beta+1}$$

由条件(180)便知

$$-1 < x_0 < 1$$

又由 $\psi'(x)$ 的表达式得知:当 $-1 \leqslant x < x_0$ 时 $\psi'(x) < 0$,而当 $x_0 < x \leqslant 1$ 时

---

① 如果 $\sigma < -\frac{1}{2}$,那么 $\max|J_n^{(\alpha,\beta)}(x)|$ 是在 $(-1,1)$ 内部取到的.

$\psi'(x) > 0$. 这就表示 $\psi(x)$ 在区间 $[-1, x_0]$ 上递减, 而在区间 $[x_0, 1]$ 上递增. 由此得知当 $x_0 \leqslant x < 1$ 时

$$\psi(x) < \psi(1)$$

但是

$$[J_n^{(\alpha, \beta)}(x)]^2 \leqslant \psi(x), \quad [J_n^{(\alpha, \beta)}(1)]^2 \leqslant \psi(1)$$

这就是说

$$|J_n^{(\alpha, \beta)}(x)| < |J_n^{(\alpha, \beta)}(1)| \quad (x_0 \leqslant x < 1)$$

即, 在闭区间 $[x_0, 1]$ 上, 多项式 $J_n^{(\alpha, \beta)}(x)$ 在点 $x = 1$ 处达到其值的最大模.

同样可以确定

$$\max_{-1 \leqslant x \leqslant x_0} |J_n^{(\alpha, \beta)}(x)| = |J_n^{(\alpha, \beta)}(-1)|$$

于是对于假设 (180) 的情形, 定理已经证明.

其次, 设

$$\alpha \geqslant -\frac{1}{2}, \quad \beta < -\frac{1}{2} \tag{181}$$

那么对于和 $\alpha + \beta + 1$, 有三种可能情况

$$\alpha + \beta + 1 \begin{cases} = 0 \\ > 0 \\ < 0 \end{cases}$$

在第一种情形下, 对于所有的实数 x, 除了使 $y' = 0$ 者外, $\psi'(x) > 0$. 在第二种情形下, 由 $2\beta < -1$ 得知, 当 $-1 \leqslant x \leqslant 1$ 时将有 $\psi'(x) > 0$ (也是除去导数 y' 的根). 在第三种情形下, 根据不等式 $2\alpha \geqslant -1$, 我们又知在 $[-1, 1]$ 上除去使 $y' = 0$ 的点 (当 $\alpha = -\frac{1}{2}$ 时也除去 $x = 1$) 之外, 处处都有 $\psi'(x) > 0$. 于是在假设 (181) 的情形下, 函数 $\psi(x)$ 在 $[-1, 1]$ 上严格递增, 而与前面同样的推理便证明

$$\max_{-1 \leqslant x \leqslant 1} |J_n^{(\alpha, \beta)}(x)| = |J_n^{(\alpha, \beta)}(1)|$$

如果 $\alpha < -\frac{1}{2}, \beta \geqslant -\frac{1}{2}$, 那么由类似的推理便可导出: 当 $x = -1$ 时, 达到 $\max |J_n^{(\alpha, \beta)}(x)|$.

在 $\alpha > -\frac{1}{2}, \beta = -\frac{1}{2}$ 的情形, 将有 $\psi'(x) = K^2(x + 1)y'^2$, 即当 $x > -1$ 时 $\psi'(x) > 0$. 这就表示 $\psi(x)$ 是递增的, 仍旧是在 $x = 1$ 时达到 $\max |J_n^{(\alpha, \beta)}(x)|$. 仿此可考虑 $\alpha = -\frac{1}{2}, \beta > -\frac{1}{2}$ 的情形.

接下来要考虑 $\alpha=\beta=-\dfrac{1}{2}$ 的情形(即切比雪夫多项式的情形). 在这一情形下, $\psi'(x)=0$, 于是 $\psi(x)$ 是常数. 因而

$$[J_n^{(\alpha,\beta)}(x)]^2 \leqslant \psi(x) = \psi(1) = [J_n^{(\alpha,\beta)}(1)]^2$$

定理显然成立.

现在我们来指出函数

$$\Gamma(x) = \int_0^{+\infty} e^{-t} t^{x-1} dt \quad (x > 0)$$

的一些简单的性质.

它的导数 $\Gamma'(x)$ 具有唯一的根 u_0, 并且, $1 < u_0 < 2$.

实际上, 因为

$$\Gamma''(x) = \int_0^{+\infty} e^{-t} t^{x-1} \ln^2 t \, dt > 0$$

所以 $\Gamma'(x)$ 递增而根不可能多于一个, 另一方面

$$\Gamma(1) = \Gamma(2) = 1$$

根据罗尔定理, 1 与 2 之间必定有 $\Gamma'(x)$ 的根. 显然当 $x \geqslant u_0$ 时函数 $\Gamma(x)$ 递增. 我们来估计它增加的情况.

引理 6.1 如果 $\alpha > -1$, $\beta > -1$, 那么对于任何自然数 n 都有

$$\frac{\Gamma(\alpha+\beta+n+1)}{\Gamma(\alpha+n+1)} < Cn^{-\beta}$$

其中 C 是依赖于 α 及 β 的常数.

实际上

$$\frac{\Gamma(\alpha+\beta+n+1)}{\Gamma(\alpha+n+1)} = \frac{(\alpha+\beta+n)(\alpha+\beta+n-1)\cdots(\alpha+\beta+2)\Gamma(\alpha+\beta+2)}{(\alpha+n)(\alpha+n-1)\cdots(\alpha+2)\Gamma(\alpha+2)}$$

这就是说

$$\ln \frac{\Gamma(\alpha+\beta+n+1)}{\Gamma(\alpha+n+1)} = \ln \frac{\Gamma(\alpha+\beta+2)}{\Gamma(\alpha+2)} + \sum_{k=2}^{n} \ln\left(1 + \frac{\beta}{\alpha+k}\right)$$

但是当 $x > -1$ 时

$$\ln(1+x) \leqslant x$$

于是

$$\ln \frac{\Gamma(\alpha+\beta+n+1)}{\Gamma(\alpha+n+1)} \leqslant \ln \frac{\Gamma(\alpha+\beta+2)}{\Gamma(\alpha+2)} + \beta \sum_{k=2}^{n} \frac{1}{\alpha+k}$$

另一方面, 如果 $k-1 < x < k$, 则

$$\frac{1}{\alpha+k} < \frac{1}{\alpha+x} < \frac{1}{\alpha+k-1} \quad (k \geqslant 2)$$

这就是说

$$\frac{1}{x+k} < \int_{k-1}^{k} \frac{\mathrm{d}x}{\alpha+x} < \frac{1}{\alpha+k-1} \quad (k \geqslant 2)$$

又

$$\sum_{k=2}^{n} \frac{1}{\alpha+k} < \ln\frac{\alpha+n}{\alpha+1} < \sum_{k=1}^{n-1} \frac{1}{\alpha+k}$$

由此得到

$$\ln\frac{\alpha+n}{\alpha+1} - \frac{1}{\alpha+1} < \sum_{k=2}^{n} \frac{1}{\alpha+k} < \ln\frac{\alpha+n}{\alpha+1}$$

与

$$\frac{\Gamma(\alpha+\beta+n+1)}{\Gamma(\alpha+n+1)} \leqslant \frac{\Gamma(\alpha+\beta+2)}{\Gamma(\alpha+2)}\left(\frac{\alpha+n}{\alpha+1}\right)^{\beta} \quad (\text{当} \beta \geqslant 0 \text{ 时})$$

$$\frac{\Gamma(\alpha+\beta+n+1)}{\Gamma(\alpha+n+1)} \leqslant \frac{\Gamma(\alpha+\beta+2)}{\Gamma(\alpha+2)} \mathrm{e}^{\frac{-\beta}{\alpha+1}}\left(\frac{\alpha+n}{\alpha+1}\right)^{\beta} \quad (\text{当} \beta < 0 \text{ 时})$$

引理证完[①].

定理 6.3 如果满足条件(178),那么标准的雅可比多项式满足不等式

$$|\hat{J}_n^{(\alpha,\beta)}(x)| < Mn^{\alpha+\frac{1}{2}} \quad (-1 \leqslant x \leqslant 1, n=1,2,3,\cdots) \tag{182}$$

其中 M 是依赖于 α 与 β 的常数.

实际上,根据前一定理

$$|\hat{J}_n^{(\alpha,\beta)}(x)| \leqslant \max\{|J_n^{(\alpha,\beta)}(1)|, |J_n^{(\alpha,\beta)}(-1)|\}$$

但是,利用(167),(173)与(174)三式有

$$|\hat{J}_n^{(\alpha,\beta)}(1)| = \frac{1}{\Gamma(\alpha+1)}\sqrt{\frac{\alpha+\beta+2n+1}{2^{\alpha+\beta+1}}}\sqrt{\frac{\Gamma(\alpha+\beta+n+1)}{\Gamma(\beta+n+1)}\frac{\Gamma(\alpha+n+1)}{\Gamma(n+1)}}$$

$$|\hat{J}_n^{(\alpha,\beta)}(-1)| = \frac{1}{\Gamma(\beta+1)}\sqrt{\frac{\alpha+\beta+2n+1}{2^{\alpha+\beta+1}}}\sqrt{\frac{\Gamma(\alpha+\beta+n+1)}{\Gamma(\alpha+n+1)}\frac{\Gamma(\beta+n+1)}{\Gamma(n+1)}}$$

由这个以及前述的引理便得到

$$|\hat{J}_n^{(\alpha,\beta)}(1)| < C_1 n^{\alpha+\frac{1}{2}}, \quad |\hat{J}_n^{(\alpha,\beta)}(-1)| < C_1 n^{\beta+\frac{1}{2}}$$

其中 C_1 与 C_2 是依赖于 α 及 β 的常数.

---

① 实际上,比 $\dfrac{\left(\dfrac{\alpha+n}{\alpha+1}\right)^{\beta}}{n^{\beta}}$ 随 n 增大而趋于 1,因而是有界的.

定理证完.

定理 6.4　设 $\sigma \geqslant -\dfrac{1}{2}$ 与 p 是不小于 $2\sigma+2$ 的自然数. 确定于 $[-1,1]$ 上且有连续的 p 阶导数的每一个函数 $f(x)$，都能展成关于多项式 $\hat{J}_n^{(\alpha,\beta)}(x)$ 的一致收敛的傅里叶级数.

实际上，由不等式(182)得

$$|K_n(t,x)| \leqslant \sum_{k=0}^{n} |\hat{J}_n^{(\alpha,\beta)}(t)| |\hat{J}_k^{(\alpha,\beta)}(x)| \leqslant A^2 + M^2 \sum_{k=1}^{n} k^{2\sigma+1}$$

其中 $A = \hat{J}_0^{(\alpha,\beta)}(x)$. 这就表示，当 $n \geqslant 1$ 时

$$|K_n(t,x)| < M_1 n^{2\sigma+2}$$

其中 M_1 是一个新的常数，由此便得到关于勒贝格函数的估值

$$L_n(x) < 2M_1 n^{2\sigma+2}$$

另一方面，根据杰克逊定理

$$\lim_{n\to\infty} n^p E_n(f) = 0$$

利用第四章 §4 的定理 4.20，便证明了我们的断言.

§4　第二类的切比雪夫多项式

在 $[-1,1]$ 上关于权 $\sqrt{1-x^2}$ 构成直交系的多项式 $U_n(x)$，称为第二类的切比雪夫多项式. 在第四章 §5 中我们已经提到过它，现在比较详细地来讲一下.

引理 6.2　恒等式

$$\frac{\sin(n+1)\theta}{\sin\theta} = 2^n \cos^n \theta + \sum_{k=0}^{n-1} \lambda_k^{(n)} \cos^k \theta$$

成立.

根据公式

$$\sin(n+1)\theta = \sin n\theta \cos\theta + \cos n\theta \sin\theta$$

以及下一事实

$$\cos n\theta = 2^{n-1} \cos^n \theta + \sum_{k=0}^{n-1} \mu_k^{(n)} \cos^k \theta$$

用数学归纳法便证得引理.

推论 若 $|x| \leqslant 1$，那么函数

$$\frac{\sin(n+1)\arccos x}{\sqrt{1-x^2}} \tag{183}$$

是次数为 n 且最高次项系数为 2^n 的多项式.

引理 6.3 多项式 $\dfrac{\sin(n+1)\arccos x}{\sqrt{1-x^2}}$ 在 $[-1,1]$ 上关于权 $\sqrt{1-x^2}$ 构成直

交系.

实际上，积分

$$\int_{-1}^{1} \frac{\sin(n+1)\arccos x}{\sqrt{1-x^2}} \cdot \frac{\sin(m+1)\arccos x}{\sqrt{1-x^2}} \sqrt{1-x^2} \, dx$$

用变换 $x = \cos\theta$ 便化为积分

$$\int_0^{\pi} \sin(n+1)\theta \sin(m+1)\theta \, d\theta = 0$$

于是我们得到关于多项式 $U_n(x)$ 的公式

$$U_n(x) = K_n \frac{\sin(n+1)\arccos x}{\sqrt{1-x^2}} \tag{184}$$

附注 公式(184)可以由多项式 $U_n(x)$ 的定义导出，对于次数低于 n 的任一多项式 $R(x)$ 都有

$$\int_{-1}^{1} \sqrt{1-x^2} R(x) U_n(x) \, dx = 0$$

现在令 $x = \cos\theta$ 我们便得到

$$\int_0^{\pi} R(\cos\theta) U_n(\cos\theta) \sin^2\theta \, d\theta = 0$$

因为 $\sin^2\theta U_n(\cos\theta)$ 是 $n+2$ 次的三角多项式，所以

$$\sin^2\theta U_n(\cos\theta) = \sum_{k=0}^{n+2} A_k \cos k\theta$$

把这一公式代入前述积分中，并取函数 $\cos m\theta (m < n)$ 作为 $R(\cos\theta)$，我们便得到

$$\int_0^{\pi} \cos m\theta \left(\sum_{k=0}^{n+2} A_k \cos k\theta \right) d\theta = 0$$

由此得到 $A_m = 0$. 于是

$$\sin^2\theta U_n(\cos\theta) = A_n \cos n\theta + A_{n+1} \cos(n+1)\theta + A_{n+2} \cos(n+2)\theta$$

现在，设 $\theta = 0$ 与 $\theta = \pi$. 这便得到对于系数 A 的两个条件

$$A_n + A_{n+1} + A_{n+2} = 0, A_n - A_{n+1} + A_{n+2} = 0$$

于是得出 $A_{n+1} = 0, A_{n+2} = -A_n$,这就表示

$$\sin^2\theta U_n(\cos\theta) = A_n[\cos n\theta - \cos(n+2)\theta]$$
$$= 2A_n\sin(n+1)\theta\sin\theta$$

这便又重新得到公式(184).

要得到最高项系数为 1 的多项式 $\widetilde{U}_n(x)$,应当令 $K_n = 2^{-n}$. 由于

$$\int_{-1}^{1} U_n^2(x)\sqrt{1-x^2}\,\mathrm{d}x = K_n^2\int_0^\pi \sin^2(n+1)\theta\mathrm{d}\theta = \frac{\pi}{2}K_n^2$$

显然得知,当 $K_n = \sqrt{\dfrac{2}{\pi}}$ 时就得到标准的多项式 $\hat{U}_n(x)$.

由公式

$$\sin(n+3)\theta + \sin(n+1)\theta = 2\sin(n+2)\theta\cos\theta$$

很容易得到 $U_n(x)$ 的递推公式

$$\widetilde{U}_{n+2}(x) = x\widetilde{U}_{n+1}(x) - \frac{1}{4}\widetilde{U}_n(x) \tag{185}$$

因为

$$\widetilde{U}_0(x) = 1, \quad \widetilde{U}_1(x) = x$$

所以

$$\widetilde{U}_2(x) = x^2 - \frac{1}{4}$$

$$\widetilde{U}_3(x) = x^3 - \frac{1}{2}x$$

$$\widetilde{U}_4(x) = x^4 - \frac{3}{4}x + \frac{1}{16}$$

$$\vdots$$

为了要得出关于多项式 $U_n(x)$ 的连分式,我们指出对于它们

$$\alpha_{n+2} = 0, \lambda_{n+1} = \frac{1}{4} \quad (n = 0,1,2,\cdots)$$

此外[1],$\alpha_1 = 0, \lambda_0 = \dfrac{\pi}{2}$.

因为,当 $x > 1$ 时

---

[1]　因为 α_1 是 $U_1(x)$ 的根,而 $\lambda_0 = \displaystyle\int_{-1}^{1}\sqrt{1-x^2}\,\mathrm{d}x$.

$$\int_{-1}^{1} \frac{\sqrt{1-t^2}}{x-t} dt = \pi (x - \sqrt{x^2-1})$$

所以

$$2(x - \sqrt{x^2-1}) = \cfrac{1}{x - \cfrac{1/4}{x - \cfrac{1/4}{x - \cdots}}}$$

我们还指出,多项式 $U_n(x)$ 的根是

$$x_k^{(n)} = \cos \frac{k\pi}{n+1} \quad (k=1,2,\cdots,n)$$

由此容易得出,这些根的极限分布密度. 当 n 无限增大时,也和多项式 $T_n(x)$ 的情形一样,即它等于

$$\frac{1}{\sqrt{1-x^2}}$$

但是这一事实根据下述情形是很明显的,多项式 $U_n(x)$ 是多项式 $T_{n+1}(x)$ 的导数[①]. 实际上

$$\frac{dT_{n+1}(x)}{dx} = \frac{d}{dx} \big[\cos(n+1) \arccos x \big]$$

$$= (n+1) \frac{\sin(n+1) \arccos x}{\sqrt{1-x^2}}$$

在转到按多项式 $U_n(x)$ 而展开的问题时,我们指出

$$| \widetilde{U}_n(x) | \leqslant \sqrt{\frac{2}{\pi}} (n+1) \quad (-1 \leqslant x \leqslant 1)$$

$$| \hat{U}_n(x) | \leqslant \sqrt{\frac{2}{\pi}} \frac{1}{\sqrt{1-x^2}} \quad (-1 < x < 1)$$

根据第四章的一般理论,便得到下列的一些结果:

(1) 具有连续的三阶导数的任一函数,都能展成关于多项式 $\hat{U}_n(x)$ 的一致收敛的傅里叶级数.

(2) $L^2 \sqrt{1-x^2}$ 中的每个函数,在使

$$\int_{-1}^{1} \Big[\frac{f(t)-f(x)}{t-x} \Big]^2 \sqrt{1-t^2} dt < +\infty$$

————————

① 与此相关的,便发生研究这样的直交函数系的问题,它本身是关于某个权为直交的,而其导数是关于另一个权为直交的.

的任一点 x 处,都能展成关于多项式 $U_n(x)$ 的傅里叶级数.

但是利用傅里叶三角级数,可以得到更精确的结果:

定理 6.5   如果给定在 $[-1,1]$ 上的函数 $f(x)$ 满足狄尼－黎普希兹条件

$$\lim_{\delta \to 0} \omega(\delta) \ln \delta = 0$$

则在开区间 $(-1,1)$ 内它可以展成关于多项式 $\hat{U}_n(x)$ 的傅里叶级数,而且这个级数在任一闭区间 $[-1+h, 1-h]$ 上都是一致收敛的.

事实上,以 2π 为周期的函数 $\sin \theta f(\cos \theta)$ 也满足狄尼－黎普希兹条件[①],因而可以展成一致收敛的傅里叶级数. 因为这个函数是奇函数,所以

$$\sin \theta f(\cos \theta) = \sum_{n=0}^{+\infty} b_{n+1} \sin(n+1)\theta$$

$$\left(b_n = \frac{2}{\pi} \int_0^{\pi} \sin \theta f(\cos \theta) \sin n\theta \mathrm{d}\theta\right)$$

于是当 $0 < \theta < \pi$ 时

$$f(\cos \theta) = \sum_{n=0}^{+\infty} b_{n+1} \frac{\sin(n+1)\theta}{\sin \theta}$$

而且这个级数在任一闭区间 $[\eta, \pi-\eta]$ 上都是一致收敛的,令 $\theta = \arccos x$,因为

$$b_{n+1} = \sqrt{\frac{2}{\pi}} \int_{-1}^1 f(x) \hat{U}_n(x) \sqrt{1-x^2} \, \mathrm{d}x$$

所以我们便得到所述的定理.

最后我们来证明多项式 $U_n(x)$ 的一个有意义的极性.

定理 6.6(Е. И. 佐洛塔廖夫(Зо. ютарев),А. Н. 柯尔肯(Коркин))   在最高次系数等于 1 的所有 n 次多项式 $\widetilde{P}_n(x)$ 中,积分

$$\int_{-1}^1 |\widetilde{P}_n(x)| \, \mathrm{d}x \tag{186}$$

的最小值为多项式 $\widetilde{U}_n(x)$ 所达到.

为了证明,需要先讨论一些问题.

引理 6.4   设 n 是自然数,m 是 $0,1,2,\cdots,n$ 中的一个数,则

$$\sum_{k=1}^n (-1)^k \cos \frac{km\pi}{n+1} = \frac{(-1)^{n+m}-1}{2} \tag{187}$$

实际上

---

① 如果 $|\theta_1-\theta_2| \leqslant \delta$,那么当令 $f(\cos \theta) = \psi(\theta)$ 时便有 $|\sin \theta_1 \psi(\theta_1) - \sin \theta_2 \psi(\theta_2)| \leqslant |\sin \theta_1 - \sin \theta_2| \, |\psi(\theta_1)| + |\sin \theta_2| \, |\psi(\theta_1) - \psi(\theta_2)| \leqslant K\delta + \omega(\delta)$.

$$\sum_{k=1}^{n}(-1)^k\cos\frac{km\pi}{n+1}=R\Big[\sum_{k=1}^{n}(-e^{\frac{im\pi}{n+1}})^k\Big]=R\Big[\frac{(-1)^{n+m}-e^{\frac{im\pi}{n+1}}}{1+e^{\frac{im\pi}{n+1}}}\Big]$$

如果数 n 与 m 的奇偶性不同,则

$$\frac{(-1)^{n+m}-e^{\frac{im\pi}{n+1}}}{1+e^{\frac{im\pi}{n+1}}}=-1 \tag{188}$$

而当数 n 与 m 的奇偶性相同时,则式(188)的左端是一个纯虚数,因为

$$\frac{1-e^{i\theta}}{1+e^{i\theta}}=\frac{1-\cos\theta-i\sin\theta}{1+\cos\theta+i\sin\theta}=-i\tan\frac{\theta}{2}$$

引理证完.

引理 6.5 如果 n 是自然数,而 r 是 $0,1,2,\cdots,n-1$ 中的一个数,那么

$$I=\int_0^\pi\cos^r\theta\sin\theta\operatorname{sign}[\sin(n+1)\theta]\mathrm{d}\theta=0$$

事实上,如果

$$k\pi<(n+1)\theta<(k+1)\pi$$

那么

$$\operatorname{sign}[\sin(n+1)\theta]=(-1)^k$$

从而得

$$I=\sum_{k=0}^{n}(-1)^k\int_{\frac{k\pi}{n+1}}^{\frac{(k+1)\pi}{n+1}}\cos^r\theta\sin\theta\mathrm{d}\theta$$

于是

$$I=\frac{1}{r+1}\sum_{k=0}^{n}(-1)^{k+1}\Big[\cos^{r+1}\frac{(k+1)\pi}{n+1}-\cos^{r+1}\frac{k\pi}{n+1}\Big]$$

但是

$$\cos^{r+1}\theta=\sum_{m=0}^{r+1}a_m\cos m\theta$$

这便表示引理归结为去证明等式

$$\sum_{k=0}^{n}(-1)^{k+1}\Big[\cos\frac{(k+1)m\pi}{n+1}-\cos\frac{km\pi}{n+1}\Big]=0 \tag{189}$$

这可以变为

$$\sum_{k=1}^{n+1}(-1)^k\cos\frac{km\pi}{n+1}+\sum_{k=0}^{n}(-1)^k\cos\frac{km\pi}{n+1}=0$$

或

$$(-1)^{n+1}\cos m\pi+2\sum_{k=1}^{n}(-1)^k\cos\frac{km\pi}{n+1}+1=0$$

而后一等式与式(187)等价.

推论　如果 n 是自然数,而 r 是 $0,1,2,\cdots,n-1$ 中的一个数,则

$$\int_{-1}^{1} x^n \operatorname{sign}[\widetilde{U}_n(x)]\mathrm{d}x = 0 \tag{190}$$

引理 6.6　等式

$$\int_{-1}^{1} x^n \operatorname{sign}[\widetilde{U}_n(x)]\mathrm{d}x - \frac{1}{2^{n-1}} \tag{191}$$

成立.

与前一引理相类似,这个引理归结为去证明等式

$$\int_0^\pi \cos^n\theta \sin\theta \operatorname{sign}[\sin(n+1)\theta]\mathrm{d}\theta = \frac{1}{2^{n-1}}$$

而上一积分等于

$$\frac{1}{n+1}\sum_{k=0}^{n}(-1)^{k+1}\left[\cos^{n+1}\frac{(k+1)\pi}{n+1} - \cos^{n+1}\frac{k\pi}{n+1}\right]$$

当注意到

$$\cos^{n+1}\theta = \frac{\cos(n+1)\theta}{2^n} + \sum_{m=0}^{n} a_m \cos m\theta$$

以及等式(189),我们便将引理变为明显的等式

$$\frac{1}{2^n(n+1)}\sum_{k=0}^{n}(-1)^{k+1}\left[\cos(k+1)\pi - \cos k\pi\right] = \frac{1}{2^{n-1}}$$

再回到佐洛塔廖夫－柯尔肯定理,我们用 $\widetilde{P}_n(x)$ 来表示最高系数等于 1 的任意的 n 次多项式. 根据(190)与(191)两式我们有

$$\int_{-1}^{1}\widetilde{P}_n(x)\operatorname{sign}[\widetilde{U}_n(x)]\mathrm{d}x = \frac{1}{2^{n-1}}$$

由此便得到

$$\frac{1}{2^{n-1}} \leqslant \int_{-1}^{1}|\widetilde{P}_n(x)|\,\mathrm{d}x$$

而另一方面,当 $\widetilde{P}_n(x) = \widetilde{U}_n(x)$ 时,我们便得到准确的等式. 于是积分(186)的最小值正为多项式 $\widetilde{U}_n(x)$ 所达到. 接下来要证明这个问题没有另外的解. 假如有

$$\int_{-1}^{1}|\widetilde{P}_n(x)|\,\mathrm{d}x = \frac{1}{2^{n-1}}$$

那么便应当有

$$\int_{-1}^{1}|\widetilde{P}_n(x)|\,\{1-\lambda(x)\}\mathrm{d}x = 0$$

其中 $\lambda(x) = \text{sign}[\tilde{P}_n(x)] \cdot \text{sign}[\tilde{U}_n(x)]$. 这便表示必定有 $\lambda(x) = 1$, 即多项式 $\tilde{P}_n(x)$ 与 $\tilde{U}_n(x)$ 同号. 因此 $\tilde{U}_n(x)$ 当经过它的每个根时变号, 所以对于 $\tilde{P}_n(x)$ 也应如此. 换句话说, $\tilde{P}_n(x)$ 与 $\tilde{U}_n(x)$ 有相同的根, 但是因为它们的最高系数是相同的, 所以这两个多项式应当恒等.

佐洛塔廖夫－柯尔肯定理曾多次地在不同的方向上被推广, 但我们仅限于以上所述者.

§5　关于 $\alpha = \dfrac{1}{2}, \beta = -\dfrac{1}{2}$ 的雅可比多项式

在结束关于雅可比多项式这一章时, 我们还要讲到它的一个特例, 即多项式 $W_n(x)$, 它们在 $[-1, 1]$ 上构成关于权

$$p(x) = \sqrt{\frac{1-x}{1+x}}$$

的直交系.

由下述的讨论可以得出关于多项式 $W_n(x)$ 的显式: 对于低于 n 次的任一多项式 $R(x)$, 都有

$$\int_{-1}^{1} \sqrt{\frac{1-x}{1+x}} R(x) W_n(x) \mathrm{d}x = 0$$

令 $x = \cos\theta$, 并注意到

$$\sqrt{\frac{1-\cos\theta}{1+\cos\theta}} = \tan\frac{\theta}{2}$$

时, 我们便得到

$$\int_0^\pi R(\cos\theta)(1-\cos\theta)W_n(\cos\theta)\mathrm{d}\theta = 0$$

但 $W_n(\cos\theta)$ 是 n 次的三角多项式. 这便表示

$$(1-\cos\theta)W_n(\theta) = \sum_{k=0}^{n+1} A_k \cos k\theta$$

把这个代入以上的积分中去, 并当 $m < n$ 时取函数 $\cos m\theta$ 来当作 $R(\cos\theta)$, 我们便得到 $A_m = 0$. 于是

$$(1-\cos\theta)W_n(\cos\theta) = A_n \cos n\theta + A_{n+1}\cos(n+1)\theta$$

当 $\theta = 0$ 时从而便得 $A_{n+1} = -A_n$ 以及

$$(1 - \cos \theta) W_n(\cos \theta) = A_n [\cos n\theta - \cos(n+1)\theta]$$

这便表示[①]

$$W_n(\cos \theta) = A_n \frac{\sin \dfrac{(2n+1)}{2}\theta}{\sin \dfrac{\theta}{2}}$$

利用第一篇中的公式(175)，我们可使上述等式具如下的情形

$$W_n(\cos \theta) = A_n [1 + 2(\cos \theta + \cos 2\theta + \cdots + \cos n\theta)]$$

于是就得出用切比雪夫多项式所表达的 $W_n(x)$

$$W_n(x) = A_n \{1 + 2[T_1(x) + T_2(x) + \cdots + T_n(x)]\}$$

因为 $T_n(x)$ 的最高次系数是 2^{n-1}，所以

$$\widetilde{W}_n(x) = \frac{1}{2^n} \frac{\sin \dfrac{2n+1}{2}\theta}{\sin \dfrac{\theta}{2}} \quad (\theta = \arccos x)$$

为了求得标准化的多项式 $\widetilde{W}_n(x)$，我们指出

$$\int_{-1}^{1} \sqrt{\frac{1-x}{1+x}} W_n^2(x) \mathrm{d}x = A_n^2 \int_0^{\pi} (1 - \cos \theta) \frac{\sin^2 \dfrac{2n+1}{2}\theta}{\sin^2 \dfrac{\theta}{2}} \mathrm{d}\theta$$

$$= 2A_n^2 \int_0^{\pi} \sin^2 \frac{2n+1}{2}\theta \mathrm{d}\theta = A_n^2 \pi$$

这就是说

$$\hat{W}_n(x) = \frac{1}{\sqrt{\pi}} \frac{\sin \dfrac{2n+1}{2}\theta}{\sin \dfrac{\theta}{2}} \quad (\theta = \arccos x)$$

由此就得到估计式

[①] 根据 $\sqrt{\dfrac{1-x}{1+x}} = \dfrac{1}{\sqrt{1-x^2}}(1-x)$ 还能够更简单地得到这个公式，因为公式(111)是可应用的.

用第 4 章 §5 的记号，我们有

$$Q_n(x) = \begin{vmatrix} T_n(1) & T_n(x) \\ T_{n+1}(1) & T_{n+1}(x) \end{vmatrix} = T_{n+1}(x) - T_n(x)$$

由此便得到

$$W_n(x) = K_n \frac{T_{n+1}(x) - T_n(x)}{1-x} = K_n \frac{\cos(n+1)\theta - \cos n\theta}{1 - \cos \theta} = -K_n \frac{\sin \dfrac{(2n+1)}{2}\theta}{\sin \dfrac{\theta}{2}}$$

$$|\hat{W}_n(x)| \leqslant \frac{2n+1}{\sqrt{\pi}} \quad (-1 \leqslant x \leqslant 1)$$

$$|\hat{W}_n(x)| \leqslant \sqrt{\frac{2}{\pi}} \frac{1}{\sqrt{1-x}} \quad (-1 \leqslant x \leqslant 1)$$

根据这些估计式以及第四章的一般结果,可以得到按多项式 $\hat{W}_n(x)$ 的展开式的定理. 例如,在 $[-1,1]$ 上有连续的三阶导数的任何函数都能展成关于 $\hat{W}_n(x)$ 的一致收敛的傅里叶级数,但是如果注意到

$$K_n(t,x) = \sum_{k=0}^{n} \hat{W}_k(t)\hat{W}_k(x)$$

$$= \frac{1}{2\pi \sin \frac{\theta}{2} \sin \frac{\tau}{2}} \sum_{k=0}^{n} \left[\cos \frac{2k+1}{2}(\tau-\theta) - \cos \frac{2k+1}{2}(\tau+\theta) \right]$$

其中 $\theta = \arccos x, \tau = \arccos t$,我们可以得到更精确的结果. 实际上,由上式便导出

$$K_n(t,x) = \frac{1}{4\pi \sin \frac{\theta}{2} \sin \frac{\tau}{2}} \left[\frac{\sin(n+1)(\tau-\theta)}{\sin \frac{\tau-\theta}{2}} - \frac{\sin(n+1)(\tau+\theta)}{\sin \frac{\tau+\theta}{2}} \right]$$

这便表示

$$L_n(x) = \int_{-1}^{1} \sqrt{\frac{1-t}{1+t}} \, |K_n(t,x)| \, dt$$

$$= \frac{1}{2\pi \sin \frac{\theta}{2}} \int_0^{\pi} \sin \frac{\tau}{2} \left| \frac{\sin(n+1)(\tau-\theta)}{\sin \frac{\tau-\theta}{2}} - \frac{\sin(n+1)(\tau+\theta)}{\sin \frac{\tau+\theta}{2}} \right| d\tau$$

由此用通常的方法便导出

$$L_n(x) < \frac{C \ln n}{\sin \frac{\theta}{2}} = \frac{C_1 \ln n}{\sqrt{1-x}}$$

于是满足狄尼-黎普希兹条件 $\lim_{\delta \to 0} \omega(\delta) \ln \delta = 0$ 的任何函数 $f(x)$,在右端是开区间 $(-1,1)$ 上所有点处都能展成关于多项式 $\hat{W}_n(x)$ 的傅里叶级数,而且在任一闭区间 $[-1,1-h]$ 上级数都是一致收敛的.

由公式

$$W_n(x) = A_n \frac{\sin \frac{2n+1}{2}\theta}{\sin \frac{\theta}{2}}$$

可推知多项式 $W_n(x)$ 的根是

$$x_k = \cos \frac{2k\pi}{2n+1} \quad (k=1,2,\cdots,n)$$

我们建议读者去求出关于多项式 $\widetilde{W}_n(x)$ 的递推关系式,以及把它与其相关的积分

$$\int_{-1}^1 \sqrt{\frac{1-t}{1+t}} \frac{\mathrm{d}t}{x-t} = \pi \frac{\sqrt{x+1}-\sqrt{x-1}}{\sqrt{x+1}} \quad (x>1)$$

展成连分式.

有限区间的矩量问题

第七章

§1　问题的提出

我们曾经说过,数

$$\mu_n = \int_a^b x^n p(x)\mathrm{d}x \quad (n=0,1,2,\cdots) \tag{192}$$

叫作权函数 $p(x)$ 的矩量. 知道了这些数,即使不知道这个权 $p(x)$ 我们也可以构成这个权的直交多项式系. 这是十分自然的事,因为权函数的矩量唯一地确定了这个权(如果像通常那样对等价函数不加区别的话). 在 $p(x)$ 是平方可积的情形,由于幂函数系 $\{x^n\}$ 在 L^2 内是完备的,这一点便显然可知,然而还有更为一般的命题:

定理 7.1　设 $f(x)$ 为可求和的函数,且

$$\int_a^b x^n f(x)\mathrm{d}x = 0 \quad (n=0,1,2,\cdots) \tag{193}$$

则 $f(x)$ 恒等于 0.

实际上,令

$$F(x) = \int_a^x f(t)\mathrm{d}t$$

据式(193)并令 $n=0$ 便得 $F(b)=0$;其次,当 $n>0$ 时,由分部积分便得

$$\int_a^b x^n f(x)\mathrm{d}x = \left[x^n F(x)\right]_a^b - n\int_a^b x^{n-1} F(x)\mathrm{d}x$$

由于式(193),从而便得

$$\int_a^b x^{n-1}F(x)\mathrm{d}x=0 \quad (n=1,2,3,\cdots) \tag{194}$$

因为 $F(x)$ 是连续的，故由式（194）知 $F(x)$ 恒等于 0，因而 $f(x)$ 也恒等于 0.

由此定理显然可知，若两个权函数的所有矩量都相同，则此二函数恒等[1]. 但是，正如以后所看到的那样，并不是每一个预先给定的数列都是某一权函数的矩量序列. 若是这样的话，则称给定的序列为一矩量序列. 更一般些，设 $\{\mu_n\}$ 为一数列，如果存在一个有界变分函数 $g(x)$，使得

$$\int_a^b x^n \mathrm{d}g(x)=\mu_n \quad (n=0,1,2,\cdots) \tag{195}$$

其中的积分是斯笛尔几斯积分，我们就说 $\{\mu_n\}$ 是闭区间 $[a,b]$ 上的矩量序列. 这时，称函数 $g(x)$ 为积分权以别于以前所谈到的微分权 $p(x)$. 显然，存在满足数（192）的可求和的微分权，便蕴示存在绝对连续的积分权

$$g(x)=\int_a^x p(t)\mathrm{d}t$$

同时，若 $p(x)$ 是正值函数，则 $g(x)$ 便是增函数.

在本章中我们将阐述出于豪斯道夫（Hausdorff）的判别所给数列是否为矩量序列的准则，这个问题便称作矩量问题.

众所周知，如果对 $g(x)$ 加上任一常数，斯笛尔几斯积分

$$\int_a^b f(x)\mathrm{d}g(x) \tag{196}$$

不变. 由此就已经看出积分权并非为其矩量所唯一决定. 为了避免由于添加一个常数便改变了权，我们恒约定只考虑满足

$$g(a)=0 \tag{197}$$

的权.

然而这种约定仍然不能使积分权为其矩量所唯一地确定. 因为，若在开区

---

[1] 从而知，权 $p(x)$ 为其直交多项式所唯一地确定（精确到只有因子 $K>0$ 的差别）. 实际上，若函数系 $\{\omega_n(x)\}$ 对权 $p(x)$ 为直交，则对权 $Kp(x)$ 亦然. 反之，知道了

$$\omega_n(x)=x^n+\sigma_1^{(n)}x^{n-1}+\cdots+\sigma_n^{(n)}$$

并令

$$\mu_0=\int_a^b p(x)\mathrm{d}x=1$$

我们便得到

$$\int_a^b p(x)\tilde{\omega}_n(x)\mathrm{d}x=\mu_n+\sigma_1^{(1)}\mu_{n-1}+\cdots+\sigma_{n-1}^{(n)}\mu_1+1=0$$

这些等式便确定了所有的矩量 μ_n.

间(a,b)的任一点处改变函数$g(x)$的值,积分(196)不变(这可以由下述事实看出:在构成黎曼(Riemann)－斯笛尔几斯积分和时我们可以把这个点不包括在分点里).为了使权为其矩量唯一决定,我们引进以下的

定义7.1 设$g(x)$为定义在$[a,b]$上的有界变分函数,若对于$a<x<b$有

$$g(x)=\frac{g(x-0)+g(x+0)}{2}$$

则称函数$g(x)$为正规的.

引理7.1 对于每一个定义在$[a,b]$上的有界变分函数$g(x)$,必存在一个而且只有一个正规的有界变分函数$\bar{g}(x)$,它在$g(x)$的每一个连续点以及$x=a$与$x=b$处与$g(x)$相等.

实际上,置$\bar{g}(a)=g(a)$,$\bar{g}(b)=g(b)$,且令

$$\bar{g}(x)=\frac{g(x-0)+g(x+0)}{2}\quad(a<x<b)$$

显然$\bar{g}(x)$在$g(x)$的连续点处与$g(x)$相等.其次,$\bar{g}(x)$也是有界变分函数[①].由于$g(x)$的连续点的集合在$[a,b]$上处处稠密,显然

$$\bar{g}(x-0)=g(x-0),\bar{g}(x+0)=g(x+0)$$

这就表示$\bar{g}(x)$是正规的.如果又求得了一个满足引理条件的正规函数,则此函数在一处处稠密的集合上与$\bar{g}(x)$相合,它必与$\bar{g}(x)$恒等.

我们约定称引理所说到的函数$\bar{g}(x)$为函数$g(x)$的核.

定理7.2 不可能存在两个不同的正规积分权而具有相同的矩量.

实际上,如果有这样两个权,则其差为正规函数,它的所有矩量都等于0.用$g(x)$表示这个差,则由于

$$g(b)-g(a)=\int_a^b\mathrm{d}g(x)=0$$

根据条件(197)便得出$g(b)=0$.

其次,用分部积分法得

$$0=\int_a^b x^n\mathrm{d}g(x)=\left[x^n g(x)\right]_a^b-n\int_a^b x^{n-1}g(x)\mathrm{d}x$$

---

① 实际上,设$g(x)=\pi(x)-v(x)$为$g(x)$的增函数分解式,则在a,b二点与$\pi(x)$及$v(x)$相合且在(a,b)内分别等于$\dfrac{\pi(x-0)+\pi(x+0)}{2}$与$\dfrac{v(x-0)+v(x+0)}{2}$的函数$\bar{\pi}(x)$与$\bar{v}(x)$;而且也都是增函数,但是$\bar{g}(x)=\bar{\pi}(x)-\bar{v}(x)$.

$$(n = 1, 2, 3, \cdots)$$

从而便得

$$\int_a^b x^{n-1} g(x) \, dx = 0 \quad (n = 1, 2, 3, \cdots)$$

借助于定理7.1,函数 $g(x)$ 应等价于0.这就是说使它等于0的点集是处处稠密的.应用这个集合来计算 $g(x-0)$ 与 $g(x+0)$,便可以证实这两个极限都是0,从而由函数 $g(x)$ 的正规性显然可知这函数恒等于0.

由于权自身及其核具有相同的矩量(因为在构成黎曼-斯笛尔几斯积分和时可以只选取权的连续点作为分点),所以积分权的核(有别于这个权)唯一地决定了它的矩量.

我们指出要对任意的闭区间解矩量问题,只需就闭区间[0,1]来解它便行了.实际上,设

$$\mu_n = \int_a^b x^n \, dg(x)$$

令

$$h(t) = g[a + t(b-a)]$$

不难看出,若 $g(x)$ 在 $[a,b]$ 上是有界变分函数或单调函数,则函数 $h(t)$ 在 $[0,1]$ 上也具有同样的性质,因为

$$\mu_n = \int_0^1 [a + t(b-a)]^n \, dh(t)$$

所以,用 λ_n 表 $h(t)$ 的矩量时便有

$$\mu_n = \sum_{k=0}^n C_n^k a^{n-k} (b-a)^k \lambda_k$$

因此加之于 μ_n 的任何条件都可以用 λ_n 表示出来,反之亦然,所以此后我们只对于[0,1]来解矩量问题.

最后我们引出以后要用到的赫利(Helley)的两个重要定理而不加证明.

(1) 赫利选择原理

设 $\{g_n(x)\}$ 为给定在 $[a,b]$ 上的有界变分函数序列,如果序列中的所有函数以及它们的总变分都以同一数为界

$$|g_n(x)| \leqslant K, \underset{a}{\overset{b}{\mathrm{Var}}}(g_n) \leqslant K$$

则存在这样的数标序列 $n_1 < n_2 < n_3 < \cdots$,使得序列 $\{g_{n_k}(x)\}$ 在 $[a,b]$ 上的每一点都收敛于某一有界变分函数.

119

(2) 在斯笛尔几斯积分号下取极限

设 $\{g_n(x)\}$ 为给定在 $[a,b]$ 上的有界变分函数序列,它在 $[a,b]$ 的每一点都收敛于某一有界变分函数 $g(x)$. 若 $g_n(x)$ 的变分以同一数为界,则对任意的给定在 $[a,b]$ 上的连续函数 $f(x)$,都有

$$\lim_{n\to\infty}\int_a^b f(x)\mathrm{d}g_n(x)=\int_a^b f(x)\mathrm{d}g(x)$$

§2   豪斯道夫定理

我们约定下列记号. 设给定了任意的实数序列

$$\mu_0,\mu_1,\mu_2,\mu_3,\cdots \tag{198}$$

令

$$\Delta^0\mu_k=\mu_k,\Delta^{n+1}\mu_k=\Delta^n\mu_k-\Delta^n\mu_{k+1}$$

显然

$$\Delta^1\mu_k=\mu_k-\mu_{k+1}$$

$$\Delta^2\mu_k=\mu_k-2\mu_{k+1}+\mu_{k+2}$$

而一般说来

$$\Delta^n\mu_k=\sum_{i=0}^n C_n^i(-1)^i\mu_{k+i} \tag{199}$$

此公式甚易对 n 用数学归纳法来证明. 如果把式(199)与 $x^k(1-x)^n$ 依 x 的展开式相比较,容易看出,$\Delta^n\mu_k$ 可以在这个展式内以 $\mu_0,\mu_1,\cdots,\mu_{n+k}$ 代 $1,x,\cdots,x^{n+k}$ 而得之.

定理 7.3(豪斯道夫)　(1) 设系列(198)中诸数为一递增积分权的矩量,则

$$\Delta^n\mu_k\geqslant 0 \quad (k=0,1,2,\cdots;n=0,1,2,\cdots) \tag{200}$$

(2) 设系列(198)中诸数为有界变分积分权的矩量,则

$$\sum_{k=0}^n C_n^k \mid \Delta^{n-k}\mu_k\mid\leqslant K \tag{201}$$

其中的 K 不依赖于 n.

我们指出,在这两种情形中谈到矩量时,都是对闭区间 $[0,1]$ 而言的.

假定

$$\mu_k=\int_0^1 x^k\mathrm{d}g(x)$$

其中 $g(x)$ 为有界变分函数,则借助于式(199)便有

$$\int_0^1 x^k (1-x)^n dg(x) = \sum_{i=0}^n (-1)^i C_n^i \int_0^1 x^{k+i} dg(x) = \Delta^n \mu_k \qquad (202)$$

若函数 $g(x)$ 是递增的,则积分 $\int_0^1 x^k (1-x)^{n-k} dg(x)$ 非负,这就证明了定理的第一部分.

在不假定 $g(x)$ 递增时,据式(202)有

$$\Delta^{n-k} \mu_k = \int_0^1 x^k (1-x)^{n-k} dg(x)$$

从而令

$$\varepsilon_k^{(n)} = \text{sign}[\Delta^{n-k} \mu_k]$$

便求得

$$\sum_{k=0}^n C_n^k \mid \Delta^{n-k} \mu_k \mid = \int_0^1 \Big[\sum_{k=0}^n \varepsilon_k^{(n)} C_n^k x^k (1-x)^{n-k} \Big] dg(x)$$

但是当 $0 \leqslant x \leqslant 1$ 时

$$\Big| \sum_{k=0}^n \varepsilon_k^{(n)} C_n^k x^k (1-x)^{n-k} \Big| \leqslant 1$$

故

$$\sum_{k=0}^n C_n^k \mid \Delta^{n-k} \mu_k \mid \leqslant \overset{1}{\underset{0}{\text{Var}}}(g)$$

这就完成了证明.

所证明的定理是可逆的.

定理 7.4(豪斯道夫) (1)若条件(200)成立,则序列(198)中诸数是递增积分的矩量;(2)若条件(201)成立,则序列(198)中诸数是有界变分积分权的矩量.

首先我们要指出,满足条件(200)的数也满足条件(201).实际上,这时

$$\sum_{k=0}^n C_n^k \mid \Delta^{n-k} \mu_k \mid = \sum_{k=0}^n C_n^k \Delta^{n-k} \mu_k$$

根据在定理 7.3 前所做的说明,计算这个等式的右端,可以将

$$\sum_{k=0}^n C_n^k x^k (1-x)^{n-k} \qquad (203)$$

依 x 展开并以 μ_i 代 $x^i (i = 0,1,2,\cdots)$.

但是表达式(203)等于1,这就表示

$$\sum_{k=0}^{n} C_n^k \Delta^{n-k} \mu_k = \mu_0$$

在转来证明定理时，我们引进依下述方式定义在 $[0,1]$ 上的阶梯函数 $g_n(x)$

$$g_n(0) = 0$$

$$g_n(x) = C_n^0 \Delta^n \mu_0 \quad \text{当 } 0 < x \leqslant \frac{1}{n} \text{ 时}$$

$$g_n(x) = C_n^0 \Delta^n \mu_0 + C_n^1 \Delta^{n-1} \mu_1 \quad \text{当 } \frac{1}{n} < x \leqslant \frac{2}{n} \text{ 时}$$

$$\vdots$$

$$g_n(x) = \sum_{k=0}^{n-1} C_n^k \Delta^{n-k} \mu_k \quad \text{当 } \frac{n-1}{n} < x < 1 \text{ 时}$$

$$g_n(1) = \sum_{k=0}^{n} C_n^k \Delta^{n-k} \mu_k$$

若条件(201)成立,则

$$| g_n(x) | \leqslant K, \overset{1}{\underset{0}{\mathrm{Var}}}(g_n) \leqslant K$$

若条件(200)成立,则对所述可加上 $g_n(x)$ 为增函数这个限制.

根据赫利选择原理,存在这样的数标序列 $n_1 < n_2 < n_3 < \cdots$,使得序列 $\{g_{n_i}(x)\}$ 在 $[0,1]$ 的每一点都收敛于某一有界变分函数 $g(x)$. 这时,若所有函数 $g_n(x)$ 都递增,则 $g(x)$ 亦然.

根据赫利的第二定理,可以断定

$$\int_0^1 x^m \mathrm{d}g(x) = \lim_{i \to \infty} \int_0^1 x^m \mathrm{d}g_{n_i}(x) \tag{204}$$

但是,因为 $g_n(x)$ 是在点 $\frac{k}{n}$ 有跃距 $C_n^k \Delta^{n-k} \mu_k$ 的阶梯函数,故

$$\int_0^1 x^m \mathrm{d}g_n(x) = \sum_{k=0}^{n} \left(\frac{k}{n}\right)^m C_n^k \Delta^{n-k} \mu_k$$

这个等式的右端可以在对函数 x^m 构成的伯恩斯坦多项式

$$B_{n,m}(x) = \sum_{k=0}^{n} \left(\frac{k}{n}\right)^m C_n^k x^k (1-x)^{n-k}$$

中以 μ_i 代以 x^i 而求得.

换句话说,如果[1]

$$B_{n,m}(x) = a_0^{(n,m)} + a_1^{(n,m)} x + \cdots + a_m^{(n,m)} x^m$$

则

$$\int_0^1 x^m \mathrm{d}g_n(x) = a_0^{(n,m)} \mu_0 + a_1^{(n,m)} \mu_1 + \cdots + a_m^{(n,m)} \mu_m \qquad (205)$$

据伯恩斯坦定理,在 $[0,1]$ 上一致有

$$\lim_{n \to \infty} B_{n,m}(x) = x^m$$

从而,由本书第一篇我们还知差的副范趋于 0,即

$$\lim_{n \to \infty} \Big[\sum_{i=0}^{m-1} \mid a_i^{(n,m)} \mid + \mid a_m^{(n,m)} - 1 \mid \Big] = 0 \qquad (206)$$

据(205)与(206)两式得

$$\lim_{n \to \infty} \int_0^1 x^m \mathrm{d}g_n(x) = \mu_m$$

由式(204)便有

$$\int_0^1 x^m \mathrm{d}g(x) = \mu_m$$

由于 m 是任意的,定理得证.

定理 7.5(豪斯道夫)　欲

$$\mu_n = \int_0^1 x^n \varphi(x) \mathrm{d}x \quad (n = 0, 1, 2, \cdots) \qquad (207)$$

其中 $\varphi(x)$ 为可测的有界函数,其充要条件为

$$(n+1) C_n^k \mid \Delta^{n-k} \mu_k \mid \leqslant K \quad (k = 0, 1, 2, \cdots, n) \qquad (208)$$

其中 K 不依赖于 n.

若式(207)成立,且 $\mid \varphi(x) \mid \leqslant K$,则

$$\mid \Delta^{n-k} \mu_k \mid = \left| \int_0^1 x^k (1-x)^{n-k} \varphi(x) \mathrm{d}x \right| \leqslant K \int_0^1 x^k (1-x)^{n-k} \mathrm{d}x$$

但是

$$\int_0^1 x^k (1-x)^{n-k} \mathrm{d}x = B(k+1, n-k+1)$$

$$= \frac{\Gamma(k+1)\Gamma(n-k+1)}{\Gamma(n+2)} = \frac{1}{(n+1)C_n^k} \qquad (209)$$

由此便得条件(208).

---

[1]　我们要记住 $B_{n,m}(x)$ 的次数是 m 而不是 n.

现在假定条件(208)成立.这时式(201)更要成立,因而

$$\mu_k = \int_0^1 x^k \mathrm{d}g(x)$$

其中 $g(x)$ 为有界变分函数,它可以当作是正规的,条件(208)表示

$$\left| \int_0^1 x^k (1-x)^{n-k} \mathrm{d}g(x) \right| \leqslant K \int_0^1 x^k (1-x)^{n-k} \mathrm{d}x$$

从而,令 $u(x) = Kx - g(x), v(x) = Kx + g(x)$,便有

$$\int_0^1 x^k (1-x)^{n-k} \mathrm{d}u(x) \geqslant 0, \int_0^1 x^k (1-x)^{n-k} \mathrm{d}v(x) \geqslant 0$$

若 λ_k 是 $v(x)$ 的矩量,则后一不等式就表示 $\Delta^{n-k}\lambda_k \geqslant 0$. 这就是说[1], λ_k 是某一个增函数的矩量. 据 §1 定理 7.2, $v(x)$ 是它的核,而由于增函数的核递增,所以 $v(x)$ 递增. 这就表示,如果 $x < y$,则

$$Kx + g(x) \leqslant Ky + g(y)$$

即

$$g(x) - g(y) \leqslant K(y - x)$$

仿此,应用函数 $u(x)$ 可证

$$K(x - y) \leqslant g(x) - g(y)$$

这就表示 $g(x)$ 满足系数为 K 的黎普希兹条件. 而这时

$$g(x) = \int_0^x \varphi(t) \mathrm{d}t$$

其中 $|\varphi(x)| \leqslant K$,于是等式(207)成立.

定理 7.6 (豪斯道夫) 欲等式(207)成立,其中 $\varphi(x) \in L^2$,其充要条件为

$$(n+1) \sum_{k=0}^n \left[\mathrm{C}_n^k \Delta^{n-k} \mu_k \right]^2 \leqslant K \quad (n = 0, 1, 2, \cdots) \tag{210}$$

其中的 K 不依赖于 n.

实际上,若等式(207)成立,且 $\varphi(x) \in L^2$,则

$$\Delta^{n-k} \mu_k = \int_0^1 x^k (1-x)^{n-k} \varphi(x) \mathrm{d}x$$

借助于布尼亚柯夫斯基不等式

---

[1]　在这里我们可以依据前面的定理. 的确,其中的数是 $\Delta^n \mu_k$ 而现在是 $\Delta^{n-k}\lambda_k$,这是明显的,反正都是一样. 因为 $\Delta^m \mu_k = \Delta^{n-k}\mu_k$,其中 $n = m + k$.

$$(\Delta^{n-k}\mu_k)^2 \leqslant \left\{\int_0^1 x^k(1-x)^{n-k}\mathrm{d}x\right\}\left\{\int_0^1 x^k(1-x)^{n-k}\varphi^2(x)\mathrm{d}x\right\}$$

注意到式（209）便得

$$(n+1)\mathrm{C}_n^k(\Delta^{n-k}\mu_k)^2 \leqslant \int_0^1 x^k(1-x)^{n-k}\varphi^2(x)\mathrm{d}x$$

这就表示

$$(n+1)\sum_{k=0}^n \left[\mathrm{C}_n^k\Delta^{n-k}\mu_k\right]^2$$

$$\leqslant \int_0^1 \left[\sum_{k=0}^n \mathrm{C}_n^k x^k(1-x)^{n-k}\right]\varphi^2(x)\mathrm{d}x$$

$$= \int_0^1 \varphi^2(x)\mathrm{d}x$$

于是条件（210）的必要性便确定了. 条件的充分性我们将在以下 §3 节中来证明它.

§3　在 C 与 L^2 中的线性泛函数

设对于定义在闭区间 $[a,b]$ 上的每一个连续函数都对应有一个实数 $\Phi(f)$，它满足条件

$$\Phi(f_1+f_2) = \Phi(f_1) + \Phi(f_2) \tag{211}$$

$$\Phi(f) \leqslant K\max|f(x)| \tag{212}$$

这时便称 $\Phi(f)$ 为定义在 $C([a,b])$ 上的线性泛函数.

每一个斯笛尔几斯积分

$$\Phi(f) = \int_a^b f(x)\mathrm{d}g(x) \tag{213}$$

都可以作为线性泛函数的例，其中 $g(x)$ 为有界变分函数. 对于这个泛函数，若要条件（212）成立，只需令 $K=\mathrm{Var}(g)$.

若线性泛函数具有性质：对于非负的函数 $f(x)$ 有 $\Phi(f) \geqslant 0$，则这种泛函数便叫作是正的，其递增积分函数 $g(x)$ 的积分（213）便是正的泛函数的例.

除积分（213）外，没有其他的线性泛函数. 本节将阐述这种事实的证明.

引理 7.2　设 $\Phi(f)$ 为线性泛函数，则

$$\Phi(kf) = k\Phi(f) \tag{214}$$

在 $k=0$ 时,若取 $f_1(x)=f_2(x)=0$,由条件(211)便得到等式(214).对于自然数 k,所需关系式据条件(211)用完全归纳法也容易证明.而这时它显然对 $\frac{1}{n}$ 型的 k 也成立,其中 n 为自然数.这就表示式(214)对所有正的有理数 k 都成立.其次,若 k 为负有理数,则

$$\Phi(kf)+\Phi(-kf)=\Phi(0)=0$$

因而式(214)对所有有理数 k 都真.

最后,若 k 为无理数,而 r 为有理数,则

$$|\Phi(kf)-k\Phi(f)|\leqslant|\Phi[(k-r)f]|+|k-r||\Phi(f)|$$

借助于条件(212)得

$$|\Phi(kf)-k\Phi(f)|\leqslant 2K|k-r|\max|f(x)|$$

因为末一不等式的右端可以使之任意地小,于是式(214)便很明显了.

定理 7.7(F. 黎斯)　定义在 $C([a,b])$ 上的每一个线性泛函数 $\Phi(f)$ 都可以表示成积分(213)的形式,其中 $g(x)$ 为某一有界变分函数.

我们指出,只要对闭区间 $[0,1]$ 来证明本定理就够了,因为用线性置换可以把一般情形化成这种情形.对于黎斯定理的这种特殊情形,很容易由豪斯道夫定理推出来.

实际上,设 $\Phi(f)$ 为定义在 $C([a,b])$ 上的线性泛函数,令

$$\Phi(x^n)=\mu_n \quad (n=0,1,2,\cdots) \tag{215}$$

这时

$$\begin{aligned}
\Delta^n\mu_k &= \sum_{i=0}^{n}(-1)^i C_n^i \mu_{k+i} \\
&= \Phi\Big[\sum_{i=0}^{n}(-1)^i C_n^i x^{k+i}\Big] \\
&= \Phi[x^k(1-x)^n]
\end{aligned} \tag{216}$$

从而得

$$\sum_{k=0}^{n} C_n^k |\Delta^{n-k}\mu_k| = \Phi\Big[\sum_{k=0}^{n} \varepsilon_k^{(n)} C_n^k x^k(1-x)^{n-k}\Big]$$

其中 $\varepsilon_k^{(n)}=\operatorname{sign}(\Delta^{n-k}\mu_k)$.

由于当 $0\leqslant x\leqslant 1$ 时

$$\Big|\sum_{k=0}^{n} \varepsilon_k^{(n)} C_n^k x^k(1-x)^{n-k}\Big|\leqslant 1$$

条件(212) 便给出

$$\sum_{k=0}^{n} C_n^k \mid \Delta^{n-k}\mu_k \mid \leqslant K$$

于是诸数 μ_k 便满足条件(201),因而存在有界变分函数,它以这些数为其矩量. 换句话说

$$\Phi(x^n) = \int_0^1 x^n \mathrm{d}g(x) \quad (n = 0,1,2,\cdots) \tag{217}$$

从而便知,当 $f(x)$ 是任意的多项式时,等式(213)为真,而由于每一个连续函数都是一致收敛的多项式序列的极限,定理便证明了.

证明下述定理还要更简单些.

定理 7.8(黎斯) 定义在 $C([a,b])$ 上的每一个正的线性泛函数都可以表示成

$$\Phi(f) = \int_a^b f(x)\mathrm{d}g(x)$$

的形式,其中 $g(x)$ 为某一增函数.

实际上,仍限于闭区间 $[0,1]$ 的情形,我们引进式(215)中诸数. 这时据(216)以及 $x^k(1-x)^{n-k} \geqslant 0$(当 $0 \leqslant x \leqslant 1$)这事实,我们便看出 $\Delta^n\mu_k \geqslant 0$. 这就表示,可以求得满足条件(217)的增函数 $g(x)$,然后,可以像前面一样来完成证明.

除了在 C 内的线性泛函数以外,我们还需要 L^2 内的线性泛函数.

如果每一个在闭区间 $[a,b]$ 上为平方可积的函数 $f(x)$ 都对应一个实数 $\Phi(f)$,且

$$\Phi(f_1 + f_2) = \Phi(f_1) + \Phi(f_2), \Phi(f) \leqslant K\sqrt{\int_a^b f^2(x)\mathrm{d}x}$$

则说 $\Phi(f)$ 是定义在空间 L^2 内的线性泛函数(这个空间是和基本闭区间 $[a,b]$ 相关联的). 和空间 C 的情形相仿,关系(214)成立.

L^2 内的线性泛函数的一个例是

$$\Phi(f) = \int_a^b f(x)\varphi(x)\mathrm{d}x$$

其中 $\varphi(x)$ 属于 L^2. 其实,这也就是 L^2 内线性泛函数的一般形式. 实际上,下述定理成立.

定理 7.9(M. 富勒西(Frechet)) 在 L^2 内的每一个线性泛函数 $\Phi(x)$ 都可以表示成

$$\Phi(f) = \int_a^b f(x)\varphi(x)\mathrm{d}x \tag{218}$$

的形式，其中 $\varphi(x) \in L^2$.

为证明计，我们选取某一个完备的标准直交系 $\{\omega_k(x)\}$，并令

$$\Phi(\omega_k) = A_k$$

这时

$$\sum_{k=1}^n A_k^2 = \Phi\left(\sum_{k=1}^n A_k\omega_k\right) \leqslant K\sqrt{\int_a^b \left[\sum_{k=1}^n A_k\omega_k(x)\right]^2 \mathrm{d}x} = K\sqrt{\sum_{k=1}^n A_k^2}$$

因而

$$\sum_{k=1}^{+\infty} A_k^2 \leqslant K^2$$

在这种情形下，存在平方可积的函数 $\varphi(x)$，对此函数来说，A_k 就是它关于函数系 $\{\omega_k(x)\}$ 的傅里叶系数. 这个函数就满足关系(218). 实际上，设 $f(x)$ 为 L^2 内一个任意的函数，$\{c_k\}$ 是它的傅里叶系数，则

$$\lim_{n\to\infty} \int_a^b \left[f(x) - \sum_{k=1}^n c_k\omega_k(x)\right]^2 \mathrm{d}x = 0$$

但

$$\left|\Phi(f) - \Phi\left(\sum_{k=1}^n c_k\omega_k\right)\right| \leqslant K\left|f - \sum_{k=1}^n c_k\omega_k\right|$$

这就表示

$$\Phi(f) = \lim_{n\to\infty} \Phi\left(\sum_{k=1}^n c_k\omega_k\right) = \lim_{n\to\infty} \sum_{k=1}^n A_k c_k = \sum_{k=1}^{+\infty} A_k c_k$$

而据广义的拔色佛公式，这一串等式的最后部分便是

$$\int_a^b f(x)\varphi(x)\mathrm{d}x$$

这个定理可以用来完成 §2 中豪斯道夫的第 4 定理的证明. 因为，设 $\{\mu_n\}$ 为满足条件(210) 的序列.

这时，借助于布尼亚柯夫斯基不等式

$$\sum_{k=0}^n C_n^k |\Delta^{n-k}\mu_k| \leqslant \sqrt{n+1}\sqrt{\sum_{k=0}^n [C_n^k\Delta^{n-k}\mu_k]^2} \leqslant \sqrt{K}$$

而据豪斯道夫第二定理，可以求得有界变分函数 $g(x)$，使得

$$\int_0^1 x^n \mathrm{d}g(x) = \mu_n \quad (n = 0,1,2,\cdots)$$

注意到这一点以后，我们取任意的连续函数 $f(x)$，并做出它的伯恩斯坦多项式

$$B_n(x) = \sum_{k=0}^{n} f\left(\frac{k}{n}\right) C_n^k x^k (1-x)^{n-k}$$

这时

$$\int_0^1 B_n(x) \mathrm{d}g(x) = \sum_{k=0}^{n} f\left(\frac{k}{n}\right) C_n^k \Delta^{n-k} \mu_k$$

据布尼亚柯夫斯基不等式

$$\left[\int_0^1 B_n(x)\mathrm{d}g(x)\right]^2 \leqslant \left\{\sum_{k=0}^{n} f^2\left(\frac{k}{n}\right)\right\}\left\{\sum_{k=0}^{n} \left[C_n^k \Delta^{n-k}\mu_k\right]^2\right\}$$

从而根据条件(210)，我们便得

$$\left[\int_0^1 B_n(x)\mathrm{d}g(x)\right]^2 \leqslant K\sum_{k=0}^{n} f^2\left(\frac{k}{n}\right)\frac{1}{n}$$

因而，令 n 增大并取极限

$$\left|\int_0^1 f(x)\mathrm{d}g(x)\right| \leqslant \sqrt{K}\sqrt{\int_0^1 f^2(x)\mathrm{d}x} \tag{219}$$

设

$$\int_0^1 f(x)\mathrm{d}g(x) = \Phi(f)$$

这个线性泛函数系定义在空间 C 内.

我们把它扩张到全空间 L^2 上来. 为此，取 L^2 中任意的函数 $f(x)$ 后，求出平均收敛于 $f(x)$ 的连续函数序列 $\{f_n(x)\}$.

这时，所求序列自我收敛，由于

$$|\Phi(f_n) - \Phi(f_m)| \leqslant \sqrt{K}\sqrt{\int_0^1 (f_n - f_m)^2 \mathrm{d}x}$$

故存在有限的极限

$$\lim_{n\to\infty} \Phi(f_n)$$

这个极限就用来作为 $\Phi(f)$. 容易理解到它不依赖于定义它的连续函数列的选择[①]. 泛函数 $\Phi(f)$ 显然是线性的[②]，而据富勒西定理，我们把它表示成式(218)

[①] 实际上，若 $\{f'_n(x)\}$ 为平均收敛于 $f(x)$ 的另一连续函数序列，则差 $f_n(x) - f'_n(x)$ 平均收敛于 0，因而(借助于式(219))$\lim[\Phi(f_n) - \Phi(f'_n)] = 0$.

[②] 设 $f'(x)$ 与 $f''(x)$ 为 L^2 中的两个函数，而 $\{f'_n\}$ 与 $\{f''_n\}$ 为平均收敛于它们的连续函数列，则序列 $\{f'_n + f''_n\}$ 平均收敛于 $f'(x) + f''(x)$；因而，$\Phi(f' + f'') = \Phi(f') + \Phi(f'')$. 不等式 $|\Phi(f)| \leqslant \sqrt{K}\|f\|$ 可以据式(219)取极限得之.

的形式,其中 $\varphi(x) \in L^2$. 从而

$$\int_0^1 x^n \varphi(x) \mathrm{d}x = \Phi(x^n) = \int_0^1 x^n \mathrm{d}g(x) = \mu_n$$

而豪斯道夫定理的证明便告完成.

§4   正 定 序 列

关于 C 空间中线性泛函数的黎斯定理还可以用来给出递增积分权的矩量序列的一种特征.

设 $\{\mu_n\}(n = 0,1,2,\cdots)$ 为一数列,若对于区间[①]$\langle a,b \rangle$ 上的每一个非负且不恒等于 0 的多项式

$$P(x) = a_0 + a_1 x + \cdots + a_n x^n$$

都有

$$\Phi(P) = a_0 \mu_0 + a_1 \mu_1 + \cdots + a_n \mu_n \geqslant 0$$

则我们称序列 $\{\mu_n\}$ 为正定的.

如果对所述类型的每一个多项式都有 $\Phi(P) > 0$,则我们便称序列 $\{\mu_n\}$ 是严格正定的.

定理 7.10   欲存$[a,b]$上存在使

$$\int_a^b x^n \mathrm{d}g(x) = \mu_n \quad (n = 0,1,2,\cdots)$$

的增函数 $g(x)$,其充要条件为序列 $\{\mu_n\}$ 在 $[a,b]$ 上为正定的.

实际上,设定理中的条件成立,则

$$\Phi(P) = \int_a^b P(x) \mathrm{d}g(x)$$

而显然序列 $\{\mu_n\}$ 是正定的.

反之,设序列 $\{\mu_n\}$ 在 $[a,b]$ 上是正定的,任取一多项式

$$P(x) = \sum_{k=0}^n a_k x^k$$

并令

---

① 这个区间可以是闭区间$[a,b]$,也可以是开区间(a,b)等,$a = -\infty$ 或 $b = +\infty$ 的情形也不除外.

$$M = \max_{a \leqslant x \leqslant b} |P(x)|$$

这时,多项式

$$M + P(x), M - P(x)$$

中的每一个在$[a,b]$上都是非负的,因而

$$(M + a_0)\mu_0 + a_1\mu_1 + \cdots + a_n\mu_n \geqslant 0$$
$$(M - a_0)\mu_0 \quad u_1\mu_1 - \cdots - a_n\mu_n \geqslant 0$$

从而得

$$|\Phi(P)| \leqslant \mu_0 \max |P(x)| \tag{220}$$

注意到这点以后,我们来考虑定义在$[a,b]$上的任一连续函数$f(x)$.据魏尔斯特拉斯定理,可以求得一致收敛于$f(x)$的多项式序列$\{P_n(x)\}$.对每一个$\varepsilon > 0$求出这样一个N,使得当$n > N$时

$$|P_n(x) - f(x)| < \frac{\varepsilon}{2}$$

这就表示,若$n > N, m > N$,则

$$|P_n(x) - P_m(x)| < \varepsilon$$

而据式(220)得

$$|\Phi(P_n) - \Phi(P_m)| < \mu_0\varepsilon$$

于是序列$\{\Phi(P_n)\}$自我收敛,因而有有限极限,此极限用$\Phi(f)$表之.不难看出,$\Phi(f)$的值只依赖于函数$f(x)$(及序列$\{\mu_n\}$),而与多项式$P_n(x)$的选择无关.实际上,设$\{Q_n(x)\}$为一致收敛于$f(x)$的另一多项式序列,则

$$|\Phi(P_n) - \Phi(Q_n)| \leqslant \mu_0 \max |P_n(x) - Q_n(x)|$$

而此不等式之右端趋于0.

这样一来,我们便对在$[a,b]$上所有连续函数的集合上定义了泛函数$\Phi(f)$.容易看出它就是一个正的线性泛函数.实际上,若$f(x) = f_1(x) + f_2(x)$并且一致收敛关系

$$P_n^{(1)}(x) \rightrightarrows f_1(x), P_n^{(2)}(x) \rightrightarrows f_2(x)$$

成立,则$P_n^{(1)}(x) + P_n^{(2)}(x) \rightrightarrows f(x)$.这就表示

$$\Phi(f) = \lim \Phi[P_n^{(1)} + P_n^{(2)}] = \Phi(f_1) + \Phi(f_2)$$

其次，若 $f(x) \geqslant 0$，则多项式 $P_n(x)$ 可以取成非负的[①]，从而便推得 $\Phi(f) \geqslant 0$.

最后，设 $f(x)$ 为在 $[a,b]$ 上连续的任一函数，且 $M = \max |f(x)|$，则二函数 $M \pm f(x)$ 都是非负的，从而

$$M\mu_0 \pm \Phi(f) \geqslant 0$$

且

$$|\Phi(f)| \leqslant \mu_0 M$$

于是 $\Phi(f)$ 是正的线性泛函，而据黎斯定理

$$\Phi(f) = \int_a^b f(x) \mathrm{d}g(x)$$

其中 $g(x)$ 为增函数，剩下只需指出 $\Phi(x^n) = \mu_n$.

为了说明序列是严格正定的这条件所能起的作用，我们引进以下的定义：

定义 7.2 设 $g(x)$ 为定义在 $[a,b]$ 上的增函数，x_0 为 (a,b) 内的一个点 $(a < x_0 < b)$. 若对任意的 y 和 z，$a \leqslant y < x_0 < z \leqslant b$，都有 $g(y) < g(z)$，便称点 x_0 为函数 $g(x)$ 的递增点. 如果对 $[a,b]$ 中的任意 x 都有 $g(a) < g(x)$，点 a 也同样是 $g(x)$ 的递增点. 对于点 b 可做类似的约定.

引理 7.3 异于常数的增函数 $g(x)$ 至少有一个递增点.

实际上，据条件可知 $g(b) > g(a)$. 令 $c = \dfrac{a+b}{2}$，差 $g(c) - g(a)$ 与 $g(b) - g(c)$ 之中至少有一个是正的. 用 $[a_1, b_1]$ 表区间 $[a,c]$ 与 $[c,b]$ 中满足 $g(a_1) < g(b_1)$ 的闭区间. 继续此法我们便构成一个包含着一个的闭区间 $[a_n, b_n]$ 序列，对于其中的每一个都有 $g(a_n) < g(b_n)$. 设 x_0 为这些闭区间的公共点，则它就是 $g(x)$ 的一个递增点.

推论 若在 $[a,b]$ 上递增的函数 $g(x)$ 有有限个递增点，则此函数便是阶梯函数，它在其二递增点之间为常数.

引理 7.4 设 $g(x)$ 是具有无限多个递增点的增函数，则对每一个不恒等于 0 的非负多项式 $P(x)$，不等式

$$\int_a^b P(x) \mathrm{d}g(x) > 0$$

[①] 实际上，设 $\{Q_n(x)\}$ 为一致收敛于 $f(x)$ 的任一多项式序列，令
$$\rho_n = \max |Q_n(x) - f(x)|$$
显然 $\rho_n \to 0$. 多项式 $P_n(x) = Q_n(x) + \rho_n$ 是非负的，且一致收敛于 $f(x)$.

都成立.

如果 $g(x)$ 只有有限个递增点,那么能找到一个不恒等于 0 的非负多项式 $P(x)$,使得

$$\int_a^b P(x) \mathrm{d}g(x) = 0$$

实际上,在前一种情形中,对于每一个多项式 $P(x)$,都可以求得函数 $g(x)$ 的一个递增点 x_0,而这个点不是 $P(x)$ 的根.设 $h > 0$ 是如此之小,使得 $[x_0-h, x_0+h]$ 包含在 $[a,b]$ 内且在 $[x_0-h, x_0+h]$ 上没有 $P(x)$ 的根.这时,用 m 表 $P(x)$ 在 $[x_0-h, x_0+h]$ 上的最小值,便有

$$\int_a^b P(x) \mathrm{d}g(x) \geqslant \int_{x_0-h}^{x_0+h} P(x) \mathrm{d}g(x)$$
$$\geqslant m[g(x_0+h) - g(x_0-h)] > 0^{①}$$

在第二种情形下,用 $\xi_1, \xi_2, \cdots, \xi_s$ 表示 $g(x)$ 的所有递增点.若

$$P(x) = (x-\xi_1)^2 (x-\xi_2)^2 \cdots (x-\xi_s)^2$$

则 $P(x) \geqslant 0$ 且

$$\int_a^b P(x) \mathrm{d}g(x) = \sum_{k=1}^s P(\xi_k)[g(\xi_k+0) - g(\xi_k-0)] = 0$$

现在下述定理就变得很明显了.

定理 7.11   若在闭区间 $[a,b]$ 上存在具有无限多个递增点的增函数 $g(x)$,使得

$$\int_a^b x^n \mathrm{d}g(x) = \mu_n \quad (n=0,1,2,\cdots)$$

其充要条件为序列 $\{\mu_n\}$ 在 $[a,b]$ 上是严格正定的.

应当指出,这里所确定的矩量序列的特征,其效用较豪斯道夫的特征为小,因为我们没有判断所给序列是否为正定的准则.如以后所证,对于无穷区间 $(-\infty, +\infty)$,这种准则是有的[②].

关于本章所述问题,愿意进一步丰富知识的读者,可阅读阿赫兹与克莱因 (Н. И. Ахиезер 与 М. Г. Крейн) 的内容丰富但有些困难的专著是很有益处的.

----

①   这种推理证明,不等式 $\int_a^b P \mathrm{d}g > 0$ 在 $g(x)$ 的递增点个数大于 $P(x)$ 的次数这个条件下成立.以后我们必然要应用这个附注.

②   然而,豪斯道夫的条件 $\Delta^n \mu_k \geqslant 0$ 可以当作是判断序列 $\{\mu_k\}$ 在闭区间 $[0,1]$ 上为正定的有效准则.

无限区间的情形

§1 绪 论

在前面的全部叙述中都假定基本闭区间$[a,b]$是有限的，现在我们来讲无限区间的情形. 和前述的基本区别在于魏尔斯特拉斯定理现在已不复成立，而以其为基础建立起来的所有结果也不成立.

我们仍将考虑函数类$L_{p(x)}$与$L_{p(x)}^2$，在这里$p(x)$为可测的非负权函数，它只在测度为0的集合上等于0[①]. 此外我们还假定函数$p(x)$具有所有矩量

$$\mu_n = \int_a^b x^n p(x) \mathrm{d}x \quad (n=0,1,2,\cdots)$$

（对于有限区间，所有矩量的存在性曾由权函数$p(x)$的可积性推得. 现在便不是这样. 例如，权$p(x) = \dfrac{1}{1+x^2}$在$(-\infty, +\infty)$上可求和，但是当$n > 0$时μ_n却不存在）. 一个函数$f(x)$如果它可测且

$$\int_a^b |f(x)| p(x) \mathrm{d}x < +\infty$$

便把它置于$L_{p(x)}$中.

---

① 一个定义在无限区间上的函数，如果它在其内的每一有限闭区间上都可测，便称之为可测的. 一个无界集合，如果它与每一个有限区间的交集都可测，便称之为可测的. 如果它与有限区间的交集的测度为0，它的测度便是0.

这个积分系理解为反常的,即,例如,对于 $a=0, b=\infty$,其定义为

$$\lim_{A \to +\infty} \int_0^A | f(x) | p(x) \mathrm{d}x$$

若 $f(x)$ 可测且 $f^2(x) \in L_{p(x)}$,则说 $f(x)$ 属于 $L_{p(x)}^2$. 包含关系 $L_{p(x)}^2 \subset L_{p(x)}$ 仍然成立[①],因为 $| f(x) | \leqslant \frac{1}{2}[1+f^2(x)]$.

柯西与布尼亚柯夫斯基不等式以及据此而建立的几何情况也仍然成立. 所有的有界可测函数仍都属于 $L_{p(x)}$,但是对所有连续函数却不能这样说.

例如,设 $a=0, b=+\infty, p(x)=\mathrm{e}^{-x}$(拉格尔权),则 $f(x)=\mathrm{e}^x$ 便不属于 L_e-x,更不属于 L_e^2-x.

可是,下述定理是成立的:

定理 8.1 有界连续函数类 C 在 $L_{p(x)}^2$ 内是处处稠密的.

我们就 $a=0, b=+\infty$ 的情形来证明本定理.

设 $f(x) \in L_{p(x)}^2$ 且 $\varepsilon > 0$. 这时可固定这样大的一个数 A,使得

$$\int_A^{+\infty} p(x) f^2(x) \mathrm{d}x < \frac{\varepsilon^2}{2}$$

因为对于有限闭区间的情形本定理已经证明,所以,可以在 $[0,A]$ 上作连续函数 $\psi_0(x)$,使得

$$\int_0^A p(x)[f(x)-\psi_0(x)]^2 \mathrm{d}x < \frac{\varepsilon^2}{8}$$

设 $\delta < A$ 为正数,其选法以后再确定. 兹引进函数 $\psi(x)$ 而设 $\psi(A)=0$,当 $0 \leqslant x \leqslant A-\delta$ 时 $\psi(x)=\psi_0(x)$;在闭区间 $[A-\delta, A]$ 上 $\psi(x)$ 是线性的. 若 $M = \max | \psi_0(x) |$,则

$$\int_0^A p(x)[\psi_0(x)-\psi(x)]^2 \mathrm{d}x \leqslant 4M^2 \int_{A-\delta}^A p(x) \mathrm{d}x$$

我们把 δ 当作如此之小,使得这个不等式的右端较 $\frac{\varepsilon^2}{8}$ 为小. 这时

$$\int_0^A p(x)[f(x)-\psi(x)]^2 \mathrm{d}x < \frac{\varepsilon^2}{2}$$

现在如果令

---

① 若 $p(x)$ 未假定为可求和,则并不如此. 例如,当 $a=1, b=+\infty$ 时,函数 $\frac{1}{x}$ 属于 L^2 而不属于 L.

$$\varphi(x) = \begin{cases} \psi(x) & \text{当 } 0 \leqslant x \leqslant A \text{ 时} \\ 0 & \text{当 } x > A \text{ 时} \end{cases}$$

则 $\varphi(x)$ 便是一个连续的有界函数,且

$$\| f - \varphi \| < \varepsilon$$

定理证完.

附注 由定理的证明看出:一切对于充分大的 x 等于 0 的连续函数在 $L^2_{p(x)}$ 内也是处处稠密的.

然而所有多项式的类都不一定在 $L^2_{p(x)}$ 内是处处稠密的.

例(斯笛尔几斯) 设

$$a = 0, b = +\infty, p(x) = x^{-\ln x}$$

函数 $p(x)$ 是连续的和有界的,因为

$$\ln p(x) = -\ln^2 x$$

这就表示,当 $x \to 0$ 以及 $x \to +\infty$ 时 $p(x) \to 0$.

$p(x)$ 具有所有的矩量,因为函数 $p(x)$ 在每一个有限区间 $[0, A]$ 上都是可求和的.

另外,当 $x > e^{n+2}$ 时,有

$$x^n p(x) < \frac{1}{x^2}$$

因而积分

$$\int_A^{+\infty} x^n p(x) \mathrm{d}x \quad (A = e^{n+2})$$

存在.

于是,$p(x)$ 便是前述类型的权函数.

设

$$f(x) = \sin(2\pi\ln x)$$

这个函数是有界的,因而属于 $L^2_{p(x)}$.

兹证明 $f(x)$ 关于权 $p(x)$ 对所有函数 $x^n (n = 0, 1, 2, \cdots)$ 都直交.

实际上,借助于置换

$$x = e^{t + \frac{n+1}{2}}$$

便得

$$\int_0^{+\infty} x^n f(x) p(x) \mathrm{d}x = (-1)^{n+1} e^{\left(\frac{n+1}{2}\right)^2} \int_{-\infty}^{+\infty} e^{-t^2} \sin 2\pi t \mathrm{d}t$$

后一积分显然等于 0,因为被积函数是奇函数.

而这时对任何多项式 $P(x)$ 都有

$$\int_a^b f(x)P(x)p(x)\mathrm{d}x = 0$$

这就表示

$$\int_0^{+\infty} p(x)f^2(x)\mathrm{d}x = \int_0^{+\infty} p(x)f(x)[f(x)-P(x)]\mathrm{d}x$$

从而,据布尼亚柯夫斯基不等式,得

$$\left\{\int_0^{+\infty} p(x)f^2(x)\mathrm{d}x\right\}^2$$

$$\leqslant \left\{\int_0^{+\infty} p(x)f^2(x)\mathrm{d}x\right\}\left\{\int_0^{+\infty} p(x)[f(x)-P(x)]^2\mathrm{d}x\right\}$$

于是

$$\|f-P\| \geqslant \|f\|$$

即,没有一个多项式能逼近 $f(x)$ 到 $\|f\| > 0$ 以内.

然而还是存在这样类型的权 $p(x)$,使得所有多项式在 $L_{p(x)}^2$ 内是处处稠密的.以后便知,例如在 $[0,+\infty]$ 上的格拉尔权 e^{-x},在 $(-\infty,+\infty)$ 上的额尔米特权 e^{-x^2},都是这样的权.简单地说,问题便在于在无穷远处权函数有适当的递减速度.

其次我们指出,对于无限区间,空间 $L_{p(x)}^2$ 具有完备性:自我收敛的序列一定有极限.这一类可以完全像有限区间那样来证明.

可以完全一样来构成直交系的理论,包括黎斯—菲舍尔定理在内.其中,对于直交系,完备性与封闭性是等价的,而对于任意的线性独立系来说,完备性与它是基本系等价.

傅里叶系数的极界性质(托普勒定理),贝塞尔不等式,斯米特的直交化定理等都仍然保留.

于特例,把幂函数系 x^n 直交化时,我们仍然可以构成多项式的标准直交系(在这里,权函数具有所有矩量是紧要的).我们不打算考虑这种多项式系的一般性质,而在以下几节中只限于考虑两个特例:拉格尔(Laguerre)多项式与额尔米特(Hermite)多项式.

§2 拉格尔多项式

在区间$(0,+\infty)$上关于权 e^{-x} 构成直交系的多项式叫作拉格尔多项式. 它们可以（准确到只有常因子的差别）用类似于罗德利克公式的公式

$$L_n(x) = e^x \frac{d^n}{dx^n}(x^n e^{-x})$$

来定义. 为证明计, 我们令

$$U_n(x) = x^n e^{-x}$$

据莱布尼兹公式, 我们有

$$U_n^{(m)}(x) = \sum_{k=0}^{m} (-1)^{m-k} C_m^k n(n-1)\cdots(n-k+1) x^{n-k} e^{-x} \tag{221}$$

由此便看出, $L_n(x)$ 确实是 n 次多项式, 它具有明显表达式

$$L_n(x) = \sum_{k=0}^{n} (-1)^{n-k} C_n^k n(n-1)\cdots(n-k+1) x^{n-k} \tag{222}$$

其中, $L_n(x)$ 的最高次项的系数是$(-1)^n$, 所以

$$\widetilde{L}_n(x) = (-1)^n e^x \frac{d^n(x^n e^{-x})}{dx^n}$$

等式(221)表明, 当 $m = 0, 1, \cdots, n-1$ 时

$$U_n^{(m)}(0) = U_n^{(m)}(+\infty) = 0$$

这就表示, 若 $V(x)$ 为低于 n 次的多项式, 则

$$\int_0^{+\infty} e^{-x} V(x) L_n(x) dx$$

$$= \int_0^{+\infty} U_n^{(n)} V dx = [U_n^{(n-1)} V - \cdots + (-1)^{n-1} U_n V^{(n-1)}]_0^{+\infty} +$$

$$(-1)^n \int_0^{+\infty} U_n V^{(n)} dx = 0$$

这样一来, $L_n(x)$ 的确便构成了关于权 e^{-x} 的直交系.

如果在上一等式中令 $V(x) = L_n(x)$, 则有

$$\int_0^{+\infty} e^{-x} [L_n(x)]^2 dx = (-1)^n \int_0^{+\infty} U_n V^{(n)} dx$$

而由于 $V^{(n)} = (-1)^n n!$, 故

$$\int_0^{+\infty} e^{-x} L_n^2(x) dx = n! \int_0^{+\infty} x^n e^{-x} dx = (n!)^2 \qquad (223)$$

从而得

$$\hat{L}_n(x) = \frac{(-1)^n}{n!} e^x \frac{d^n(x^n e^{-x})}{dx^n}$$

在递推公式

$$\widetilde{L}_{n+2}(x) = (x - \alpha_{n+2})\widetilde{L}_{n+1}(x) - \lambda_{n+1}\widetilde{L}_n(x) \qquad (224)$$

中,根据一般理论有

$$\lambda_{n+1} = \frac{\displaystyle\int_0^{+\infty} e^{-x}\widetilde{L}_{n+1}^2(x) dx}{\displaystyle\int_0^{+\infty} e^{-x}\widetilde{L}_n^2(x) dx}$$

而根据等式(223)便得 $\lambda_{n+1} = (n+1)^2$.

求系数 α_{n+2} 的最简单的方法,是比较公式(224)中 x^{n+1} 的系数. 由式(222),我们便得 $\alpha_{n+2} = 2n+3$,而公式(224)便呈下形

$$\widetilde{L}_{n+2}(x) = [x - (2n+3)]\widetilde{L}_{n+1}(x) - (n+1)^2\widetilde{L}_n(x) \qquad (225)$$

因为 $\widetilde{L}_0(x) = 1, \widetilde{L}_1(x) = x - 1$,故有

$$\widetilde{L}_2(x) = x^2 - 4x + 2$$

$$\widetilde{L}_3(x) = x^3 - 9x^2 + 18x - 6$$

$$\vdots$$

兹考虑函数

$$L(t,x) = \frac{1}{1+t} e^{\frac{xt}{1+t}} \qquad (226)$$

不难看出,当 $|t| < 1$ 时,它可以依 t 的乘幂展成级数

$$L(t,x) = A_0(x) + A_1(x)t + A_2(x)t^2 + \cdots$$

我们来证明 $A_n(x) = \hat{L}_n(x)$. 实际上,显然有 $A_0(x) = 1$. 此外

$$\frac{\partial L(t,x)}{\partial t} = \left[\frac{x}{(1+t)^2} - \frac{1}{1+t}\right] L(t,x) \qquad (227)$$

由此首先便得到 $A_1(x) = x - 1 = \hat{L}_1(x)$.

如果把式(227)写成

$$(1+t)^2 L'_t(t,x) = (x - t - 1)L(t,x)$$

的形式,并比较 t^{n+1} 的系数,则就看出

$$(n+2)A_{n+2}(x) = [x - (2n+3)]A_{n+1}(x) - (n+1)A_n(x)$$

$$(n = 0, 1, 2, \cdots)$$

从而, 用 $(n+1)!$ 乘之并与 (225) 比较, 便证实

$$n! \, A_n(x) = \tilde{L}_n(x)$$

这就证明了我们的论断. 于是, 函数 (226) 便是拉格尔多项式的母函数.

不难证明, 拉格尔多项式 $L_n(x)$ 满足微分方程

$$xy'' + (1-x)y' + ny = 0 \tag{228}$$

因为, 若

$$u = x^n e^{-x}$$

则 $xu' = (n-x)u$. 从而求 $n+1$ 阶导数并应用莱布尼茨公式, 我们便得

$$xu^{(n+2)} + (x+1)u^{(n+1)} + (n+1)u^{(n)} = 0 \tag{229}$$

但 $u^{(n)} = e^{-x}L_n(x) = e^{-x}y$, 从而由式 (229) 推出 (228).

§3 广义拉格尔多项式

在某些问题中要遇到较 $L_n(x)$ 更为一般的多项式. 这就是所谓广义拉格尔多项式 $L_n^{(\alpha)}(x)$, 它们在 $[0, +\infty]$ 上对权 $x^\alpha e^{-x}$ 构成直交系, 其中 $\alpha > -1$. 兹略举其最重要的性质, 这些性质也可以仿通常的拉格尔多项式那样来证明.

1. 多项式 $L_n^{(\alpha)}(x)$ 可以用公式

$$L_n^{(\alpha)}(x) = K_n x^{-\alpha} e^x \frac{d^n}{dx^n}(x^{\alpha+n} e^{-x})$$

来定义.

2. 最高次项系数等于 1 的多项式 $\tilde{L}_n^{(\alpha)}(x)$ 可以令 $K_n = (-1)^n$ 而求得, 而令

$$K_n = \frac{(-1)^n}{\sqrt{n! \, \Gamma(\alpha+n+1)}}$$

便得到标准的多项式 $\hat{L}_n^{(\alpha)}(x)$.

3. 关于 $L_n^{(\alpha)}(x)$ 的递推公式是这样的

$$\tilde{L}_{n+2}^{(\alpha)}(x) = (x - \alpha - 2n - 3)\tilde{L}_{n+1}^{(\alpha)}(x) - (n+1)(n+\alpha+1)\tilde{L}_n^{(\alpha)}(x)$$

4. 这些多项式的母函数是

$$L^{(\alpha)}(t, x) = \frac{1}{(1+t)^{\alpha+1}} e^{\frac{xt}{1+t}} = \sum_{n=0}^{+\infty} \frac{\tilde{L}_n^{(\alpha)}(x)}{n!} t^n$$

我们来证明下述事实:

定理 8.2(斯切克罗夫(B. A. Стеклов)) 设 $p(x)$ 为拉格尔权

$$p(x) = x^\alpha \mathrm{e}^{-x} \quad (0 \leqslant x < +\infty, \alpha > -1)$$

则所有多项式构成的集合在空间 $L_{p(x)}^2$ 内是处处稠密的.

实际上,根据 §1 定理的附注,对充分大的 x 等于 0 的连续函数在 $L_{p(x)}^2$ 内是处处稠密的. 对于每一个这种函数 $f(x)$,积分

$$I = \int_0^{+\infty} x^\alpha \mathrm{e}^{-x} \left[f(x) - \sum_{k=0}^n c_k \mathrm{e}^{-kx} \right]^2 \mathrm{d}x$$

可以用置换[①] $x = -\ln t$ 化为积分

$$I = \int_0^1 | \ln t |^\alpha [\varphi(t) - \sum_{k=0}^n c_k t^k]^2 \mathrm{d}t$$

其中 $\varphi(t) = f[-\ln t]$ 为连续函数[②].

因为 $\varphi(t)$ 可以用多项式逼近(甚至是一致逼近!)到任何优良的程度,故积分 I 靠选择系数 c_k 可以使之任意小. 于是"多项式" $\sum c_k \mathrm{e}^{-kx}$ 在 $L_{p(x)}^2$ 内处处稠密,因而只需证明它们可以用通常的多项式逼近到任何精确的程度. 为此,也只要示明函数 $\mathrm{e}^{-mx} (m=0,1,2,\cdots)$ 可以用多项式逼近就行了. 当 $m=0$ 时,这是十分明显的,而对其余的 m,显然可以化为去验证拔色佛等式

$$\int_0^{+\infty} x^\alpha \mathrm{e}^{-x} (\mathrm{e}^{-mx})^2 \mathrm{d}x = \sum_{n=0}^{+\infty} c_n^2 \tag{230}$$

其中

$$c_n = \int_0^{+\infty} x^\alpha \mathrm{e}^{-x} \mathrm{e}^{-mx} \hat{L}_n^{(\alpha)}(x) \mathrm{d}x$$

但是

$$\int_0^{+\infty} x^\alpha \mathrm{e}^{-(2m+1)x} \mathrm{d}x = \frac{\Gamma(\alpha+1)}{(2m+1)^{\alpha+1}}$$

在另一方面,令

$$u = \frac{(-1)^n}{\sqrt{n! \ \Gamma(\alpha+n+1)}} = x^{\alpha+n} \mathrm{e}^{-x}, v = \mathrm{e}^{-mx}$$

我们便求得

$$c_n = \int_0^{+\infty} u^{(n)} v \mathrm{d}x = [u^{(n-1)} v - \cdots + (-1)^n u v^{n-1}]_0^{+\infty} + (-1)^n \int_0^{+\infty} u v^{(n)} \mathrm{d}x$$

---

① 由于函数 $f(x)$ 有特殊的性质,在勒贝格积分中作置换并无困难.

② 设 $x \geqslant A$ 时 $f(x) = 0$,则当 $0 \leqslant t \leqslant \mathrm{e}^{-A}$ 时 $\varphi(t) = 0$,在闭区间 $[\mathrm{e}^{-A}, 1]$ 上,$\varphi(t)$ 是连续函数的叠置.

在积分号外的项都消掉了,因此

$$c_n = \frac{(-m)^n}{\sqrt{n!}\,\Gamma(\alpha+n+1)} \int_0^{+\infty} x^{\alpha+n}\,\mathrm{e}^{-(m+1)x}\,\mathrm{d}x$$

$$= \frac{(-m)^n}{(m+1)^{\alpha+n+1}} \sqrt{\frac{\Gamma(\alpha+n+1)}{n!}}$$

这就表示要证明的等式(230)呈下形

$$\frac{\Gamma(\alpha+1)}{(2m+1)^{\alpha+1}} = \sum_{n=0}^{+\infty} \frac{\Gamma(\alpha+n+1)}{n!}\frac{m^{2n}}{(m+1)^{2\alpha+2n+2}} \qquad (231)$$

如果令

$$\frac{m}{m+1} = x$$

则等式(231)就变成等式

$$\frac{\Gamma(\alpha+1)}{(1-x^2)^{\alpha+1}} = \sum_{n=0}^{+\infty} \frac{\Gamma(\alpha+n+1)}{n!} x^{2n}$$

或变成等式

$$\frac{1}{(1-x^2)^{\alpha+1}} = \sum_{n=0}^{+\infty} \frac{(\alpha+n)(\alpha+n-1)\cdots(\alpha+1)}{n!} x^{2n}$$

而这就是牛顿的二项公式.

定理证完. 于特例,由此定理可推出当 $p(x) = x^\alpha \mathrm{e}^{-x}$ 时标准系 $\{\hat{L}_n^{(\alpha)}(x)\}$ 在空间 $L_{p(x)}^2$ 内是封闭的.

§4　额尔米特多项式

额尔米特多项式对权

$$p(x) = \mathrm{e}^{-x^2} \quad (-\infty < x < +\infty) \qquad (232)$$

构成一个直交系.

定理 8.3　额尔米特多项式可以用公式

$$H_n(x) = \mathrm{e}^{x^2}\frac{\mathrm{d}^n(\mathrm{e}^{-x^2})}{\mathrm{d}x^n} \qquad (233)$$

来定义.

实际上,若

$$u = \mathrm{e}^{-x^2}$$

则

$$u' = -2xe^{-x^2}, u'' = (4x^2 - 2)e^{-x^2}, u''' = (-8x^3 + 12x)e^{-x^2}$$

而一般说来

$$u^{(n)} = H_n(x)e^{-x^2}$$

其中 $H_n(x)$ 为 n 次多项式,它的最高次项系数等于 $(-2)^n$. 这容易用完全归纳法来证明. 就是说,用公式(233)所规定的函数 $H_n(x)$,的确是 n 次多项式.

由于

$$u^{(n)}(-\infty) = u^{(n)}(+\infty) = 0$$

故由公式

$$\int_{-\infty}^{+\infty} u^{(n)} v \mathrm{d}x = \left[u^{(n-1)} v - \cdots + (-1)^{n-1} u v^{(n-1)} \right]_{-\infty}^{+\infty} + (-1)^n \int_{-\infty}^{+\infty} u v^{(n)} \mathrm{d}x$$

便推得

$$\int_{-\infty}^{+\infty} e^{-x^2} H_n(x) v(x) \mathrm{d}x = (-1)^n \int_{-\infty}^{+\infty} e^{-x^2} v^{(n)}(x) \mathrm{d}x \qquad (234)$$

就中,若 $v(x)$ 的次数低于 n,则末一积分等于 0;据此便得,多项式(233)对权 e^{-x^2} 构成一个直交系.

如果在式(234)中令 $v(x) = H_n(x)$,并考虑到 $H_n(x)$ 的最高次项系数为 $(-2)^n$,便求得

$$\int_{-\infty}^{+\infty} e^{-x^2} H_n^2(x) \mathrm{d}x = 2^n n! \int_{-\infty}^{+\infty} e^{-x^2} \mathrm{d}x = 2^n n! \sqrt{\pi} \qquad (235)$$

于是

$$\begin{cases} \widetilde{H}_n(x) = \left(-\dfrac{1}{2} \right)^n H_n(x) \\ \widetilde{H}_n(x) = \dfrac{(-1)^n}{\sqrt{2^n n! \sqrt{\pi}}} H_n(x) \end{cases} \qquad (236)$$

关于额尔米特多项式的递推公式是这样的

$$\widetilde{H}_{n+2}(x) = x \widetilde{H}_{n+1}(x) - \frac{n+1}{2} \widetilde{H}_n(x)$$

实际上,由公式(233)用完全归纳法便可以证明,在 $H_n(x)$ 中所包含的 x^k 只有与 n 奇偶相同的那些,从而显然可知 $\alpha_{n+2} = 0$. 此外,据式(73)得

$$\lambda_{n+1} = \frac{\displaystyle\int_{-\infty}^{+\infty} e^{-x^2} \widetilde{H}_{n+1}^2(x) \mathrm{d}x}{\displaystyle\int_{-\infty}^{+\infty} e^{-x^2} \widetilde{H}_n^2(x) \mathrm{d}x}$$

而由(235)与(236)两式便推出 $\lambda_{n+1}=\dfrac{n+1}{2}$.

额尔米特多项式的母函数是

$$H(t,x)=\mathrm{e}^{-2tx-t^2}=\sum_{n=0}^{+\infty}\frac{H_n(x)}{n!}t^n \tag{237}$$

因为,若 $\varphi(z)=\mathrm{e}^{-z^2}$,则据泰勒(Taylor)公式

$$\varphi(x+t)=\sum_{n=0}^{+\infty}\frac{\varphi^{(n)}(x)}{n!}t^n$$

但是 $\varphi^{(n)}(x)=\mathrm{e}^{-x^2}H_n(x)$,由此便推得式(237).

不难导出 $y=H_n(x)$ 所满足的微分方程. 即,设 $n=\mathrm{e}^{-x^2}$,则 $u'=-2xu$,求 $n+1$ 阶导数便得

$$u^{(n+2)}+2xu^{(n+1)}+2(n+1)u^{(n)}=0$$

而 $u^{(n)}=\mathrm{e}^{-x^2}y$,因此

$$y''-2xy+2ny=0$$

最后我们来证明额尔米特多项式系的完备性.

定理 8.4(斯切克罗夫) 对于额尔米特权

$$p(x)=\mathrm{e}^{-x^2} \quad (-\infty<x<+\infty)$$

多项式构成一个在 $L_{p(x)}^2$ 内处处稠密的集合.

因为对充分大的 $|x|$ 等于 0 的连续函数在 $L_{p(x)}^2$ 内处处稠密,所以,只要证明这些函数可以用多项式逼近到任意的精确度就足够了. 不但如此,可以假定所考虑的函数在某一小区间 $(-a,+a)$ 内等于 0 也无损于普遍性,因为这些函数在 $L_{p(x)}^2$ 内是处处稠密的.

这样一来,设 $f(x)$ 是一个只在 $a<|x|<A$ 内异于 0 的连续函数. 假定它是偶函数,便有

$$I=\int_{-\infty}^{+\infty}\mathrm{e}^{-x^2}\Big[f(x)-\sum_{k=0}^{n}c_kx^{2k}\Big]^2\mathrm{d}x$$

$$=2\int_0^{+\infty}\mathrm{e}^{-x^2}\Big[f(x)-\sum_{k=0}^{n}c_kx^{2k}\Big]^2\mathrm{d}x$$

借助于置换 $x^2=z$,我们便得

$$I=\int_0^{+\infty}\frac{\mathrm{e}^{-z}}{\sqrt{z}}\Big[\varphi(z)-\sum_{k=0}^{n}c_kz^k\Big]^2\mathrm{d}z$$

函数 $\varphi(z)=f(\sqrt{z})$,由于它是连续的且有界的,对于拉格尔权 $p(z)=$

$z^{-\frac{1}{2}}\mathrm{e}^{-z}$ 它必属于 $L^2_{p(x)}$. 而在这个空间内多项式是处处稠密的,靠系数 c_k 的选择,积分 J 可以使之任意小.

若函数 $f(x)$ 为奇函数,则由同一置换得

$$I = \int_{-\infty}^{+\infty} \mathrm{e}^{-x^2} \left[f(x) - \sum_{k=0}^{n} c_k x^{2k+1} \right]^2 \mathrm{d}x$$

$$- \int_{0}^{+\infty} \sqrt{x}\, \mathrm{e}^{-z} \left[\varphi(z) - \sum_{k=0}^{n} c_k z^k \right]^2 \mathrm{d}z$$

其中 $\varphi(z) = \dfrac{f(\sqrt{z})}{\sqrt{z}}$ 是连续的且有界的. 这就表示,据多项式在 $L^2_{p(x)}$ 内的稠密性 $(p(z) = z^{\frac{1}{2}}\mathrm{e}^{-z})$,仍可以使 I 随意小. 剩下只需指出,每一个函数 $f(x)$ 都可以表示成

$$f(x) = \frac{f(x) + f(-x)}{2} + \frac{f(x) - f(-x)}{2}$$

的形式,其中的第一项为偶函数,第二项为奇函数.

§5 无限区间上的矩量问题

无限区间上的矩量问题较之有限的情形大为复杂. 问题在于,像以前所看到的那样,有界变分的积分仅为其在有限区间上的矩量"几乎"唯一地确定了,因为用它可以确定它的核. 对于无限区间便不是这样. 例如,像在 §1 所见的那样,等式

$$\int_{0}^{+\infty} x^{-\ln x} \sin(2\pi\ln x) x^n \mathrm{d}x = 0 \quad (n = 0, 1, 2, \cdots)$$

成立,这就表示,两个非负的微分权

$$p_1(x) = x^{-\ln x},\ p_2(x) = x^{-\ln x}[1 - \sin(2\pi\ln x)]$$

在 $[0, +\infty]$ 上具有相同的矩量.

若令

$$g_i(x) = \int_{0}^{+\infty} p_i(t)\mathrm{d}t \quad (i-1, 2)$$

则我们便得到两个不同的严格递增的连续积分权,它们有相同的矩量.

因此便发生这样的问题:如何分出这样的矩量序列,它们在无限区间上唯一地确定了它的权函数(考虑到以前所加的附带条件).

然而,我们先不谈这个问题,只限于去考虑在何种条件下所给数列$\{\mu_n\}$才是区间$(-\infty,+\infty)$上的矩量序列.

同时,我们只限于其无穷多个递增点的递增积分权 g 的情形.斯笛尔几斯积分

$$\int_{-\infty}^{+\infty} x^n \mathrm{d}g(x) \tag{238}$$

是我们一定要遇到的,我们将理解成是反常的,即理解成[1]

$$\lim \int_A^B x^n \mathrm{d}g(x) \quad (A \to -\infty, B \to +\infty)$$

因为

$$\int_A^B \mathrm{d}g(x) = g(B) - g(A)$$

故积分(238),当 $n=0$ 时就已经是只对有界的积分权 $g(x)$ 才可能存在.兹假定这条件成立.

引理 8.1 设具实系数的多项式 $P(x)$ 对所有实数 x 都是非负的,则可以把它表示成两个具实系数多项式平方的和.

实际上,$P(x)$ 的实根(如果它有的话)都应当是偶重的.用 $c_2,c_2,\cdots,c_m$ 来表示这些根,便有

$$P(x) = Q(x)R^2(x)$$

其中 $R(x) = (x-c_1)^{a_1}(x-c_2)^{a_2}\cdots(x-c_m)^{a_m}$,而 $Q(x)$ 只有成对的共轭复根.这时,互相共轭的两个复根 $a+bi$ 与 $a-bi$ 具有同样的重数.这就表示

$$Q(x) = A^2 \prod_{k=1}^s [(x-a_k-b_k\mathrm{i})(x-a_k+b_k\mathrm{i})]^{\sigma_k}$$

$$= A^2 \prod_{k=1}^s [(x-a_k)^2 + b_k^2]^{\sigma_k}$$

这样一来,$Q(x)$ 便是一些因子的乘积,每一个因子都是两个多项式平方的和,但是由恒等式

$$(A^2+B^2)(C^2+D^2) = (AC-BD)^2 + (AD+BC)^2$$

这样的乘积也是两个多项式的平方和,其余的是很明显的.

定理 8.5 欲序列 $\{\mu_n\}$ 为严格正定的,其充要条件为所有行列式[2]

---

[1] 显然,如果这样的积分存在,则它绝对收敛.

[2] 这时 $\Delta_0 = \mu_0$.

$$\Delta_n = \begin{vmatrix} \mu_0 & \mu_1 & \cdots & \mu_n \\ \mu_1 & \mu_2 & \cdots & \mu_{n+1} \\ \vdots & \vdots & & \vdots \\ \mu_n & \mu_{n+1} & \cdots & \mu_{2n} \end{vmatrix} \quad (n=0,1,2,\cdots)$$

都是严格为正的.

为证明讦,我们在所有多项式的集合$\{P(x)\}$上来定义泛函数$\Phi[P(x)]$,对于

$$P(x) = a_0 + a_1 x + \cdots + a_n x^n$$

令泛函数等于

$$\Phi[P(x)] = a_0\mu_0 + a_1\mu_1 + \cdots + a_n\mu_n$$

这个泛函数显然是这样的

$$\Phi[P_1(x) + P_2(x)] = \Phi[P_1(x)] + \Phi[P_2(x)]$$

$$\Phi[kP(x)] = k\Phi[P(x)]$$

设

$$\psi_n(x) = \begin{vmatrix} \mu_0 & \mu_1 & \cdots & \mu_{n-1} & 1 \\ \mu_1 & \mu_2 & \cdots & \mu_n & x \\ \vdots & \vdots & & \vdots & \vdots \\ \mu_n & \mu_{n+1} & \cdots & \mu_{2n+1} & x^n \end{vmatrix} \quad (n=0,1,2,\cdots) \qquad (239)$$

此外,我们令$\psi_0(x)=1$,这时

$$x^k \psi_n(x) = \begin{vmatrix} \mu_0 & \mu_1 & \cdots & \mu_{n-1} & x^k \\ \mu_1 & \mu_2 & \cdots & \mu_n & x^{k+1} \\ \vdots & \vdots & & \vdots & \vdots \\ \mu_n & \mu_{n+1} & \cdots & \mu_{2n-1} & x^{k+n} \end{vmatrix}$$

而

$$\Phi[x^k \psi_n(x)] = \begin{vmatrix} \mu_0 & \mu_1 & \cdots & \mu_{n-1} & \Phi[x^k] \\ \mu_1 & \mu_2 & \cdots & \mu_n & \Phi[x^{k+1}] \\ \vdots & \vdots & & \vdots & \vdots \\ \mu_n & \mu_{n+1} & \cdots & \mu_{2n-1} & \Phi[x^{k+n}] \end{vmatrix} = \begin{vmatrix} \mu_0 & \cdots & \mu_{n-1} & \mu_k \\ \mu_1 & \cdots & \mu_n & \mu_{k+1} \\ \vdots & & \vdots & \vdots \\ \mu_n & \cdots & \mu_{2n-1} & \mu_{k+n} \end{vmatrix}$$

这就表示

$$\Phi[\psi_n(x)] = \Phi[x\psi_n(x)] = \cdots = \Phi[x^{n-1}\psi_n(x)] = 0 \qquad (240)$$

147

$$\Phi[x^n\psi_n(x)] = \Delta_n \qquad (241)$$

由式(240)得知对低于 n 次的任意多项式 $R(x)$ 有

$$\Phi[R(x)\psi_n(x)] = 0 \qquad (242)$$

另外,把 $\psi_n(x)$ 按其最末一行展开便得

$$\psi_n(x) = \Delta_{n-1}x^n + R(x)$$

其中 $R(x)$ 低于 n 次,就是说

$$\Phi[\psi_n(x)] = \Delta_{n-1}\Delta_n$$

现在我们假定序列 $\{\mu_n\}$ 为严格正定的. 这时首先就有 $\Delta_0 = \mu_0 > 0$,因为 $\mu_0 = \Phi[1]$,而"多项式"1 不恒等于 0 且为非负的. 在这种情形下,多项式 $\psi_1(x)$ 便不恒等于 0(因为它是 $\Delta_0 x + $ 常数) 且

$$\Delta_0\Delta_1 = \Phi[\psi_1^2(x)] > 0$$

由此得 $\Delta_1 > 0$,而这时 $\psi_2(x)$ 不恒等于 0 且

$$\Delta_1\Delta_2 = \Phi[\psi_2^2(x)] > 0$$

从而 $\Delta_2 > 0$. 兹假定我们已经证明了 $\Delta_{n-1} > 0$. 这时 $\psi_n(x)$ 不恒等于 0 且

$$\Delta_{n-1}\Delta_n = \Phi[\psi_n^2(x)] > 0$$

所以 $\Delta_n > 0$. 这样一来,对于严格正定的序列 $\{\mu_n\}$,所有的行列式 Δ_n 都是正的.

反之,假定 $\Delta_n > 0, n = 0, 1, 2, \cdots$,我们来考虑任一个不恒为 0 的多项式 $P(x)$. 设它的次数是 n,则它可以写成

$$P(x) = A_0\psi_0(x) + A_1\psi_1(x) + \cdots + A_n\psi_n(x) \qquad (A_n \neq 0)$$

的形式,这时

$$\Phi[P^2(x)] = \Phi\left[\left\{\sum_{k=0}^{n}A_k\psi_k(x)\right\}^2\right] = \sum_{i,k}A_iA_k\Phi[\psi_i(x)\psi_k(x)]$$

但是由式(242)可得

$$\Phi[\psi_i(x)\psi_k(x)] = 0 \qquad (i \neq k)$$

就是说[1]

$$\Phi[P^2(x)] = \sum_{k=0}^{n}A_k^2\Phi[\psi_k^2(x)] = \sum_{k=0}^{n}A_k^2\Delta_{k-1}\Delta_k > 0$$

现在,若 $P(x) \not\equiv 0$ 为任一非负的多项式,则据引理 8.1 知它可以表示成

$$P(x) = P_1^2(x) + P_2^2(x)$$

---

[1] 令 $\Delta_{-1} = 1$.

的形式,而据所证

$$\Phi[P(x)]=\Phi[P_1^2(x)]+\Phi[P_2^2(x)]>0$$

这就表示,序列$\{\mu_n\}$为严格正定的.

定理证完.

定理 8.6 设 $g(x)$ 为递增的有界函数,它具有无限个递增点且所有积分

$$\mu_n=\int_{-\infty}^{+\infty}x^n\mathrm{d}g(x)\quad(n=0,1,2,\cdots) \tag{243}$$

都存在,则其序列在$(-\infty,+\infty)$上为严格正定的.

实际上,若 $P(x)$ 为非负的且不恒等于 0 的多项式,则

$$\Phi[P(x)]=\int_{-\infty}^{+\infty}P(x)\mathrm{d}g(x)\geqslant\int_A^B P(x)\mathrm{d}g(x)$$

其中 A 与 B 为任意的有限数.但是若选取它们使得 $g(x)$ 在$[A,B]$内的递增点个数大于 $P(x)$ 的次数,则据第七章 §4 引理 7.4 便有

$$\int_A^B P(x)\mathrm{d}g(x)>0$$

从而 $\Phi[P(x)]>0$,而定理证明.

逆定理也成立:

定理 8.7(汉布格(H. Hamburger)) 若序列$\{\mu_n\}$在$(-\infty,+\infty)$上为严格正定的,则存在这样的有界增函数 $g(x)$,它具有无限多个递增点,使得对于所有的 n,等式

$$\mu_n=\int_{-\infty}^{+\infty}x^n\mathrm{d}g(x)\quad(n=0,1,2,\cdots)$$

都成立.

此定理的证明十分复杂,我们先证明一些预备命题.

引理 8.2 若序列$\{\mu_n\}$在$(-\infty,+\infty)$上为严格正定的,则多项式(239)的所有根都是实的单根.

首先,$\psi_n(x)$ 有奇重的实根.因为否则的话,$\psi_n(x)$ 便是不恒等于 0 的非负多项式,而关系

$$\Phi[\psi_n(x)]=0$$

与序列$\{\mu_n\}$的严格正定性相抵触.

设 $\xi_1,\xi_2,\cdots,\xi_s$ 为 $\psi_n(x)$ 的所有奇重根.若 $s<n$,则令

$$R(x)=(x-\xi_1)(x-\xi_2)\cdots(x-\xi_s)$$

我们便会有(参看式(242))

$$\Phi[R(x)\psi_n(x)] = 0$$

这也与 $\{\mu_n\}$ 的严格正性相抵触，因为 $R(x)\psi_n(x)$ 是非负的多项式. 这就表示 $s = n$，引理得证.

引理 8.3　在同样条件下，对于低于 $2n$ 次的任一多项式 $P(x)$，都有

$$\Phi[P(x)] = \sum_{k=1}^{n} A_k^{(n)} P(\xi_k^{(n)}) \tag{244}$$

其中 $\xi_k^{(n)}$ 为 $\psi_n(x)$ 的根，而

$$A_k^{(n)} = \Phi\left[\frac{\psi_n(x)}{\psi'_n(\xi_k^{(n)})(x - \xi_k^{(n)})}\right]$$

实际上，用 $\psi_n(x)$ 除 $P(x)$，得

$$P(x) = R(x)\psi_n(x) + \rho(x)$$

其中 $R(x)$ 与 $\rho(x)$ 的次数低于 n. 借助于式 (242)，便有

$$\Phi[P(x)] = \Phi[\rho(x)]$$

但是

$$\rho(x) = \sum_{k=1}^{n} \frac{\psi_n(x)}{\psi'_n(\xi_k^{(n)})(x - \xi_k^{(n)})} \rho(\xi_k^{(n)})$$

因为这个等式两边都是 n 次多项式且在 n 个点 $\xi_k^{(n)}$ 处相合. 剩下只需指出，$\rho(\xi_k^{(n)}) = P(\xi_k^{(n)})$.

引理 8.4　在同样条件下，系数 $A_k^{(n)}$ 都是正的.

因为，设 i 为诸数 $1, 2, \cdots, n$ 中之一，令

$$P(x) = \left[\frac{\psi_n(x)}{x - \xi_i^{(n)}}\right]^2$$

这是 $2n - 2$ 次的多项式，把它置入式 (244) 中并注意到当 $k \neq i$ 时

$$P(\xi_k^{(n)}) = 0$$

而 $P(\xi_i^{(n)}) = [\psi'_n(\xi_i^{(n)})]^2$，我们便得

$$\Phi[P(x)] = A_i^{(n)} [\psi'_n(\xi_i^{(n)})]^2$$

从而 $A_i^{(n)} > 0$.

现在我们便可以转来证明汉布格定理. 把 $\xi_k^{(n)}$ 当作多项式 $\psi_n(x)$ 的根而依序排列

$$\xi_1^{(n)} < \xi_2^{(n)} < \cdots < \xi_n^{(n)}$$

兹引进阶梯函数 $g_n(x)$，令

$$g_n(x) = 0 \qquad\qquad\qquad 当 -\infty < x \leqslant \xi_1^{(n)} \text{ 时}$$

$$g_n(x) = A_1^{(n)} \qquad\qquad\qquad 当 \xi_1^{(n)} < x \leqslant \xi_2^{(n)} \text{ 时}$$

$$g_n(x) = A_1^{(n)} + A_2^{(n)} \qquad\qquad 当 \xi_2^{(n)} < x < \xi_3^{(n)} \text{ 时}$$

$$\vdots \qquad\qquad\qquad\qquad\qquad \vdots$$

$$g_n(x) = A_1^{(n)} + A_2^{(n)} + \cdots + A_{n-1}^{(n)} \qquad 当 \xi_{n-1}^{(n)} < r \leqslant \xi_n^{(n)} \text{ 时}$$

$$g_n(x) = A_1^{(n)} + A_2^{(n)} + \cdots + A_{n-1}^{(n)} + A_n^{(n)} \qquad 当 \xi_n^{(n)} < x < +\infty \text{ 时}$$

据引理 8.4，这是一个增函数，对任意的 i

$$\int_{-\infty}^{+\infty} x^i \mathrm{d}g_n(x) = \sum_{k=1}^{n} A_k^{(n)} [\xi_k^{(n)}]^i$$

在另一方面，若 $i < 2n$，则据引理 8.3

$$\mu_i = \Phi[x^i] = \sum_{k=1}^{n} A_k^{(n)} [\xi_k^{(n)}]^i \qquad\qquad (245)$$

这就表示，当 $i = 0,1,2,\cdots,2n-1$ 时

$$\mu_i = \int_{-\infty}^{+\infty} x^i \mathrm{d}g_n(x)$$

若在公式 (245) 中取 $i = 0$，便有

$$g_n(+\infty) = \sum_{k=1}^{n} A_k^{(n)} = \mu_0$$

由于 $g_n(-\infty) = 0$，这便证明增函数 $g_n(x)$ 是一致有界的. 而这时据赫利[①]选择原理，可以求得这样的数标序列 $n_1 < n_2 < n_3 < \cdots$，使得对所有的实数 x，极限

$$\lim_{n \to \infty} g_{n_m}(x) = g(x)$$

都存在.

函数 $g(x)$ 显然是有界的且递增的. 现在我们来证明它就是所求的积分权.

固定某一个 i，并设 $n_m > i$，这时

$$\mu_i = \int_{-\infty}^{+\infty} x^i \mathrm{d}g_{n_m}(x)$$

设 $A < 0 < B$，这时

----

① 这个原理通常是对有限闭区间证明的，但是取闭区间序列 $[-1,1] \subset [-2,2] \subset [-3,3] \subset \cdots$ 后，我们便可以先选取在 $[-1,1]$ 上收敛的函数列 $\{g_n^{(1)}(x)\}$，由其中选出在 $[-2,2]$ 上收敛的函数列 $\{g_n^{(2)}(x)\}$，等等. 对角线序列 $\{g_n^{(n)}(x)\}$ 便在全轴上都收敛.

$$\left| \mu_i - \int_A^B x^i \mathrm{d}g_{n_m}(x) \right| \leqslant \int_{-\infty}^A |x^i| \mathrm{d}g_{n_m}(x) + \int_B^{+\infty} x^i \mathrm{d}g_{n_m}(x)$$

用 $2r$ 表某一个大于 i 的偶数,这时

$$\int_{-\infty}^A |x|^i \mathrm{d}g_{n_m}(x) \leqslant \frac{1}{|A|^{2r-i}} \int_{-\infty}^A x^{2r} \mathrm{d}g_{n_m}(x)$$

$$\int_B^{+\infty} x^i \mathrm{d}g_{n_m}(x) \leqslant \frac{1}{B^{2r-i}} \int_B^{+\infty} x^{2r} \mathrm{d}g_{n_m}(x)$$

这就表示,若 $M = \min\{|A|, B\}$,则

$$\int_{-\infty}^A |x|^i \mathrm{d}g_{n_m}(x) + \int_B^{+\infty} x^i \mathrm{d}g_{n_m}(x) \leqslant \frac{1}{M^{2r-i}} \int_{-\infty}^{+\infty} x^{2r} \mathrm{d}g_{n_m}(x)$$

当 n_m 变得比 $2r$ 大时,末一积分可以使之等于 μ_{2r}. 因此对于这样的 n_m 我们便有

$$\left| \mu_i - \int_A^B x^i \mathrm{d}g_{n_m}(x) \right| \leqslant \frac{\mu_{2r}}{M^{2r-i}}$$

但是对于有限闭区间 $[A, B]$,可以应用在斯笛尔几斯积分号下取极限的赫利定理,这就给出

$$\left| \mu_i - \int_A^B x^i \mathrm{d}g(x) \right| < \frac{\mu_{2r}}{M^{2r-i}}$$

现在如果 $A \to -\infty, B \to +\infty$,则 $M \to +\infty$,所以

$$\mu_i = \int_{-\infty}^{+\infty} x^i \mathrm{d}g(x)$$

尚需确定 $g(x)$ 有无限多个递增点. 如果递增点只有有限个,则对于以它们为根的非负多项式 $P(x)$,便会有

$$\Phi[P(x)] = \int_{-\infty}^{+\infty} P(x) \mathrm{d}g(x) = 0$$

而这是不可能的,因为据所给条件,序列 $\{\mu_n\}$ 在 $(-\infty, +\infty)$ 上是严格正定的. 汉布格定理便完全证明了.

把本节的结果作简单的比较便得到[①]

定理 8.8 欲存在有界增函数 $g(x)$,它有无限多个递增点,并满足条件

$$\int_{-\infty}^{+\infty} x^n \mathrm{d}g(x) = \mu_n \quad (n = 0, 1, 2, \cdots)$$

其充要条件为

---

① 这应时汉布格定理的最初叙述.

$$\begin{vmatrix} \mu_0 & \mu_1 & \cdots & \mu_n \\ \mu_1 & \mu_2 & \cdots & \mu_{n+1} \\ \vdots & \vdots & & \vdots \\ \mu_n & \mu_{n+1} & \cdots & \mu_{2n} \end{vmatrix} > 0 \quad (n=0,1,2,\cdots)$$

更详细的内容读者可在 H. H. 阿赫兹与 M. Γ. 克莱因的专著中找到.

§6 发瓦特定理

借助于汉布格定理可以证明以下的命题[①]:

定理 8.9 设 $\{\omega_n(x)\}$ $(n=0,1,2,\cdots)$ 为一多项式系,其中 $\omega_n(x)$ 为最高次项系数等于 1 的 n 次多项式,若递推公式

$$\omega_{n+2}(x)=(x-\alpha_{n+2})\omega_{n+1}(x)-\lambda_{n+1}\omega_n(x)$$

$$(n=0,1,2,\cdots) \tag{246}$$

成立,其中 $\lambda_{n+1}>0$,则存在具有无限多个递增点的有界增函数 $g(x)$,使得当 $i \neq k$ 时

$$\int_{-\infty}^{+\infty} \omega_i(x)\omega_k(x)\mathrm{d}g(x)=0$$

换句话说,公式(246)在 $\lambda_{n+1}>0$ 时可用来断定 $\{\omega_n(x)\}$ 为某一递增积分权的直交系.

为证明此定理,令

$$\omega_n(x)=x^n+\sigma_1^{(n)}x^{n-1}+\cdots+\sigma_n^{(n)}$$

并据条件

$$\mu_0=1$$

$$\mu_n+\sigma_1^{(n)}\mu_{n-1}+\cdots+\sigma_n^{(n)}\mu_0=0 \quad (n=1,2,\cdots) \tag{247}$$

来规定 $\{\mu_n\}$.

等式(247)可以一个接一个地把诸数 μ_n 确定出来.

借助于 $\{\mu_n\}$,像前面那样可以构成泛函数 $\Phi[P(x)]$. 对于多项式

---

① 此定理首为作者在 1935 年与发瓦特独立地得到,关于它作者当时曾先在 C. H. 伯恩斯坦讨论班作过报告. 但是由于发瓦特文章的出现,作者的文章便没有发表.

$$P(x) = a_0 x^n + a_1 x^{n-1} + \cdots + a_n$$

用等式

$$\Phi[P(x)] = a_0 \mu_n + a_1 \mu_{n-1} + \cdots + a_n \mu_0$$

来规定.这时等式(247)表明

$$\Phi[\omega_n(x)] = 0 \quad (n = 1, 2, 3, \cdots) \tag{248}$$

我们来建立更一般的公式

$$\Phi[x^k \omega_{n+k}(x)] = 0 \quad (n = 1, 2, 3, \cdots) \tag{249}$$

对于 $k = 0$ 它是成立的,因为它化为(248),兹假定对于 $k = m$ 它已被证明.
这时,借助于等式

$$\omega_{n+m+2}(x) = (x - \alpha_{n+m+2})\omega_{n+m+1}(x) - \lambda_{n+m+1}\omega_{n+m}(x)$$

便有

$$\Phi[x^m \omega_{n+2+m}(x)] = \Phi[x^{m+1}\omega_{n+m+1}(x)] - $$
$$\alpha_{n+m+2}\Phi[x^m \omega_{n+1+m}(x)] - \lambda_{n+m+1}\Phi[x^m \omega_{n+m}(x)]$$

据假设,除右端第一项外都等于 0,这就表示

$$\Phi[x^{m+1}\omega_{n+m+1}(x)] = 0$$

因而公式(249)便证明了.若改变记号,可以把它写成

$$\Phi[x^k \omega_n(x)] = 0$$
$$(n = 1, 2, 3, \cdots; k = 0, 1, \cdots, n-1)$$

从而便知,对于低于 n 次的任一多项式 $R(x)$

$$\Phi[R(x)\omega_n(x)] = 0 \quad (n = 1, 2, 3, \cdots) \tag{250}$$

在另一方面,据式(246)得

$$\Phi[x^n \omega_{n+2}(x)] = \Phi[x^{n+1}\omega_{n+1}(x)] - \alpha_{n+2}\Phi[x^n \omega_{n+1}(x)] - $$
$$\lambda_{n+1}\Phi[x^n \omega_n(x)]$$

从而

$$\Phi[x^{n+1}\omega_{n+1}(x)] = \lambda_{n+1}\Phi[x^n \omega_n(x)]$$

逐步减小 n,便得

$$\Phi[x^n \omega_n(x)] = \lambda_1 \lambda_2 \cdots \lambda_n \tag{251}$$

由于

$$\omega_n(x) = x^n + R(x)$$

其中 $R(x)$ 的次数低于 n,据(250)与(251)两式便得

$$\Phi[\omega_n^2(x)] = \lambda_1 \lambda_2 \cdots \lambda_n$$

对我们来说重要的是

$$\Phi[\omega_n^2(x)] > 0 \tag{252}$$

并且这个不等式对于 $n=0$ 也成立,因为 $\Phi[1]=1$.

确定了这之后,我们考虑任一个不恒等于 0 的多项式 $P(x)$. 如果它的次数是 n,则

$$P(x) = c_0\omega_0(x) + c_1\omega_1(x) + \cdots + c_n\omega_n(x)$$

这就是说

$$\Phi[P^2(x)] = \sum_{i \neq k} c_i c_k \Phi[\omega_i(x)\omega_k(x)]$$

据式(250),对于 $i \neq k$ 的所有项都消失了,因而由式(252)知

$$\Phi[P^2(x)] = \sum_{k=0}^{n} c_k^2 \Phi[\omega_k^2(x)] > 0 \tag{253}$$

因为每一个非负多项式都是两个多项式的平方和,故据式(253)便推得序列 $\{\mu_n\}$ 在 $(-\infty, +\infty)$ 上的严格正定性. 而这时便存在有界的增函数 $g(x)$,它具有无限多个递增点,使得

$$\mu_n = \int_{-\infty}^{+\infty} x^n \mathrm{d}g(x) \quad (n = 0, 1, 2, \cdots)$$

对任意的多项式 $P(x)$

$$\int_{-\infty}^{+\infty} P(x)\mathrm{d}g(x) = \Phi[P(x)]$$

因而关系(250)便变成对任意次数低于 n 的多项式 $R(x)$ 有

$$\int_{-\infty}^{+\infty} R(x)\omega_n(x)\mathrm{d}g(x) = 0$$

定理证完.

哈尔滨工业大学出版社刘培杰数学工作室
已出版(即将出版)图书目录

书　名	出版时间	定　价	编号
新编中学数学解题方法全书(高中版)上卷	2007—09	38.00	7
新编中学数学解题方法全书(高中版)中卷	2007—09	48.00	8
新编中学数学解题方法全书(高中版)下卷(一)	2007—09	42.00	17
新编中学数学解题方法全书(高中版)下卷(二)	2007—09	38.00	18
新编中学数学解题方法全书(高中版)下卷(三)	2010—06	58.00	73
新编中学数学解题方法全书(初中版)上卷	2008—01	28.00	29
新编中学数学解题方法全书(初中版)中卷	2010—07	38.00	75
新编中学数学解题方法全书(高考复习卷)	2010—01	48.00	67
新编中学数学解题方法全书(高考真题卷)	2010—01	38.00	62
新编中学数学解题方法全书(高考精华卷)	2011—03	68.00	118
新编平面解析几何解题方法全书(专题讲座卷)	2010—01	18.00	61
新编中学数学解题方法全书(自主招生卷)	2013—08	88.00	261
数学眼光透视(第2版)	2017—06	78.00	732
数学思想领悟	2008—01	38.00	25
数学应用展观	2008—01	38.00	26
数学建模导引	2008—01	28.00	23
数学方法溯源	2008—01	38.00	27
数学史话览胜(第2版)	2017—01	48.00	736
数学思维技术	2013—09	38.00	260
数学解题引论	2017—05	48.00	735
从毕达哥拉斯到怀尔斯	2007—10	48.00	9
从迪利克雷到维斯卡尔迪	2008—01	48.00	21
从哥德巴赫到陈景润	2008—05	98.00	35
从庞加莱到佩雷尔曼	2011—08	138.00	136
数学奥林匹克与数学文化(第一辑)	2006—05	48.00	4
数学奥林匹克与数学文化(第二辑)(竞赛卷)	2008—01	48.00	19
数学奥林匹克与数学文化(第二辑)(文化卷)	2008—07	58.00	36'
数学奥林匹克与数学文化(第三辑)(竞赛卷)	2010—01	48.00	59
数学奥林匹克与数学文化(第四辑)(竞赛卷)	2011—08	58.00	87
数学奥林匹克与数学文化(第五辑)	2015—06	98.00	370

哈尔滨工业大学出版社刘培杰数学工作室
已出版(即将出版)图书目录

书　名	出版时间	定　价	编号
世界著名平面几何经典著作钩沉——几何作图专题卷(上)	2009—06	48.00	49
世界著名平面几何经典著作钩沉——几何作图专题卷(下)	2011—01	88.00	80
世界著名平面几何经典著作钩沉(民国平面几何老课本)	2011—03	38.00	113
世界著名平面几何经典著作钩沉(建国初期平面三角老课本)	2015—08	38.00	507
世界著名解析几何经典著作钩沉——平面解析几何卷	2014—01	38.00	264
世界著名数论经典著作钩沉(算术卷)	2012—01	28.00	125
世界著名数学经典著作钩沉——立体几何卷	2011—02	28.00	88
世界著名三角学经典著作钩沉(平面三角卷Ⅰ)	2010—06	28.00	69
世界著名三角学经典著作钩沉(平面三角卷Ⅱ)	2011—01	38.00	78
世界著名初等数论经典著作钩沉(理论和实用算术卷)	2011—07	38.00	126
发展空间想象力	2010—01	38.00	57
走向国际数学奥林匹克的平面几何试题诠释(上、下)(第1版)	2007—01	68.00	11,12
走向国际数学奥林匹克的平面几何试题诠释(上、下)(第2版)	2010—02	98.00	63,64
平面几何证明方法全书	2007—08	35.00	1
平面几何证明方法全书习题解答(第1版)	2005—10	18.00	2
平面几何证明方法全书习题解答(第2版)	2006—12	18.00	10
平面几何天天练上卷·基础篇(直线型)	2013—01	58.00	208
平面几何天天练中卷·基础篇(涉及圆)	2013—01	28.00	234
平面几何天天练下卷·提高篇	2013—01	58.00	237
平面几何专题研究	2013—07	98.00	258
最新世界各国数学奥林匹克中的平面几何试题	2007—09	38.00	14
数学竞赛平面几何典型题及新颖解	2010—07	48.00	74
初等数学复习及研究(平面几何)	2008—09	58.00	38
初等数学复习及研究(立体几何)	2010—06	38.00	71
初等数学复习及研究(平面几何)习题解答	2009—01	48.00	42
几何学教程(平面几何卷)	2011—03	68.00	90
几何学教程(立体几何卷)	2011—07	68.00	130
几何变换与几何证题	2010—06	88.00	70
计算方法与几何证题	2011—06	28.00	129
立体几何技巧与方法	2014—04	88.00	293
几何瑰宝——平面几何500名题暨1000条定理(上、下)	2010—07	138.00	76,77
三角形的解法与应用	2012—07	18.00	183
近代的三角形几何学	2012—07	48.00	184
一般折线几何学	2015—08	48.00	503
三角形的五心	2009—06	28.00	51
三角形的六心及其应用	2015—10	68.00	542
三角形趣谈	2012—08	28.00	212
解三角形	2014—01	28.00	265
三角学专门教程	2014—09	28.00	387
距离几何分析导引	2015—02	68.00	446
图天下几何新题试卷·初中	2017—01	58.00	714

哈尔滨工业大学出版社刘培杰数学工作室
已出版（即将出版）图书目录

书　名	出版时间	定　价	编号
圆锥曲线习题集（上册）	2013—06	68.00	255
圆锥曲线习题集（中册）	2015—01	78.00	434
圆锥曲线习题集（下册·第1卷）	2016—10	78.00	683
论九点圆	2015—05	88.00	645
近代欧氏几何学	2012—03	48.00	162
罗巴切夫斯基几何学及几何基础概要	2012—07	28.00	188
罗巴切夫斯基几何学初步	2015—06	28.00	474
用三角、解析几何、复数、向量计算解数学竞赛几何题	2015—03	48.00	455
美国中学几何教程	2015—04	88.00	458
三线坐标与三角形特征点	2015—04	98.00	460
平面解析几何方法与研究（第1卷）	2015—05	18.00	471
平面解析几何方法与研究（第2卷）	2015—06	18.00	472
平面解析几何方法与研究（第3卷）	2015—07	18.00	473
解析几何研究	2015—01	38.00	425
解析几何学教程.上	2016—01	38.00	574
解析几何学教程.下	2016—01	38.00	575
几何学基础	2016—01	58.00	581
初等几何研究	2015—02	58.00	444
大学几何学	2017—01	78.00	688
关于曲面的一般研究	2016—11	48.00	690
十九和二十世纪欧氏几何学中的片段	2017—01	58.00	696
近世纯粹几何学初论	2017—01	58.00	711
拓扑学与几何学基础讲义	2017—04	58.00	756
物理学中的几何方法	2017—06	88.00	767
俄罗斯平面几何问题集	2009—08	88.00	55
俄罗斯立体几何问题集	2014—03	58.00	283
俄罗斯几何大师——沙雷金论数学及其他	2014—01	48.00	271
来自俄罗斯的5000道几何习题及解答	2011—03	58.00	89
俄罗斯初等数学问题集	2012—05	38.00	177
俄罗斯函数问题集	2011—03	38.00	103
俄罗斯组合分析问题集	2011—01	48.00	79
俄罗斯初等数学万题选——三角卷	2012—11	38.00	222
俄罗斯初等数学万题选——代数卷	2013—08	68.00	225
俄罗斯初等数学万题选——几何卷	2014—01	68.00	226
463个俄罗斯几何老问题	2012—01	28.00	152
超越吉米多维奇.数列的极限	2009—11	48.00	58
超越普里瓦洛夫.留数卷	2015—01	28.00	437
超越普里瓦洛夫.无穷乘积与它对解析函数的应用卷	2015—05	28.00	477
超越普里瓦洛夫.积分卷	2015—06	18.00	481
超越普里瓦洛夫.基础知识卷	2015—06	28.00	482
超越普里瓦洛夫.数项级数卷	2015—07	38.00	489
初等数论难题集（第一卷）	2009—05	68.00	44
初等数论难题集（第二卷）（上、下）	2011—02	128.00	82,83
数论概貌	2011—03	18.00	93
代数数论（第二版）	2013—08	58.00	94
代数多项式	2014—06	38.00	289
初等数论的知识与问题	2011—02	28.00	95
超越数论基础	2011—03	28.00	96
数论初等教程	2011—03	28.00	97
数论基础	2011—03	18.00	98
数论基础与维诺格拉多夫	2014—03	18.00	292

哈尔滨工业大学出版社刘培杰数学工作室
已出版(即将出版)图书目录

书　名	出版时间	定　价	编号
解析数论基础	2012—08	28.00	216
解析数论基础(第二版)	2014—01	48.00	287
解析数论问题集(第二版)(原版引进)	2014—05	88.00	343
解析数论问题集(第二版)(中译本)	2016—04	88.00	607
解析数论基础(潘承洞,潘承彪著)	2016—07	98.00	673
解析数论导引	2016—07	58.00	674
数论入门	2011—03	38.00	99
代数数论入门	2015—03	38.00	448
数论开篇	2012—07	28.00	194
解析数论引论	2011—03	48.00	100
Barban Davenport Halberstam 均值和	2009—01	40.00	33
基础数论	2011—03	28.00	101
初等数论100例	2011—05	18.00	122
初等数论经典例题	2012—07	18.00	204
最新世界各国数学奥林匹克中的初等数论试题(上、下)	2012—01	138.00	144,145
初等数论(Ⅰ)	2012—01	18.00	156
初等数论(Ⅱ)	2012—01	18.00	157
初等数论(Ⅲ)	2012—01	28.00	158
平面几何与数论中未解决的新老问题	2013—01	68.00	229
代数数论简史	2014—11	28.00	408
代数数论	2015—09	88.00	532
代数、数论及分析习题集	2016—11	98.00	695
数论导引提要及习题解答	2016—01	48.00	559
素数定理的初等证明. 第2版	2016—09	48.00	686
谈谈素数	2011—03	18.00	91
平方和	2011—03	18.00	92
复变函数引论	2013—10	68.00	269
伸缩变换与抛物旋转	2015—01	38.00	449
无穷分析引论(上)	2013—04	88.00	247
无穷分析引论(下)	2013—04	98.00	245
数学分析	2014—04	28.00	338
数学分析中的一个新方法及其应用	2013—01	38.00	231
数学分析例选:通过范例学技巧	2013—01	88.00	243
高等代数例选:通过范例学技巧	2015—06	88.00	475
三角级数论(上册)(陈建功)	2013—01	38.00	232
三角级数论(下册)(陈建功)	2013—01	48.00	233
三角级数论(哈代)	2013—06	48.00	254
三角级数	2015—07	28.00	263
超越数	2011—03	18.00	109
三角和方法	2011—03	18.00	112
整数论	2011—05	38.00	120
从整数谈起	2015—10	28.00	538
随机过程(Ⅰ)	2014—01	78.00	224
随机过程(Ⅱ)	2014—01	68.00	235
算术探索	2011—12	158.00	148
组合数学	2012—04	28.00	178
组合数学浅谈	2012—03	28.00	159
丢番图方程引论	2012—03	48.00	172
拉普拉斯变换及其应用	2015—02	38.00	447
高等代数. 上	2016—01	38.00	548
高等代数. 下	2016—01	38.00	549

哈尔滨工业大学出版社刘培杰数学工作室
已出版(即将出版)图书目录

书　　名	出版时间	定　价	编号
高等代数教程	2016－01	58.00	579
数学解析教程.上卷.1	2016－01	58.00	546
数学解析教程.上卷.2	2016－01	38.00	553
数学解析教程.下卷.1	2017－04	48.00	781
数学解析教程.下卷.2	即将出版		782
函数构造论.上	2016－01	38.00	554
函数构造论.中	即将出版		555
函数构造论.下	2016－09	48.00	680
数与多项式	2016－01	38.00	558
概周期函数	2016－01	48.00	572
变叙的项的极限分布律	2016－01	18.00	573
整函数	2012－08	18.00	161
近代拓扑学研究	2013－04	38.00	239
多项式和无理数	2008－01	68.00	22
模糊数据统计学	2008－03	48.00	31
模糊分析学与特殊泛函空间	2013－01	68.00	241
谈谈不定方程	2011－05	28.00	119
常微分方程	2016－01	58.00	586
平稳随机函数导论	2016－03	48.00	587
量子力学原理·上	2016－01	38.00	588
图与矩阵	2014－08	40.00	644
钢丝绳原理:第二版	2017－01	78.00	745
受控理论与解析不等式	2012－05	78.00	165
解析不等式新论	2009－06	68.00	48
建立不等式的方法	2011－03	98.00	104
数学奥林匹克不等式研究	2009－08	68.00	56
不等式研究(第二辑)	2012－02	68.00	153
不等式的秘密(第一卷)	2012－02	28.00	154
不等式的秘密(第一卷)(第2版)	2014－02	38.00	286
不等式的秘密(第二卷)	2014－01	38.00	268
初等不等式的证明方法	2010－06	38.00	123
初等不等式的证明方法(第二版)	2014－11	38.00	407
不等式·理论·方法(基础卷)	2015－07	38.00	496
不等式·理论·方法(经典不等式卷)	2015－07	38.00	497
不等式·理论·方法(特殊类型不等式卷)	2015－07	48.00	498
不等式的分拆降维降幂方法与可读证明	2016－01	68.00	591
不等式探究	2016－03	38.00	582
不等式探密	2017－01	58.00	689
四面体不等式	2017－01	68.00	715
同余理论	2012－05	38.00	163
[x]与{x}	2015－04	48.00	476
极值与最值.上卷	2015－06	28.00	486
极值与最值.中卷	2015－06	38.00	487
极值与最值.下卷	2015－06	28.00	488
整数的性质	2012－11	38.00	192
完全平方数及其应用	2015－08	78.00	506
多项式理论	2015－10	88.00	541

哈尔滨工业大学出版社刘培杰数学工作室
已出版(即将出版)图书目录

书 名	出版时间	定 价	编号
历届美国中学生数学竞赛试题及解答(第一卷)1950—1954	2014—07	18.00	277
历届美国中学生数学竞赛试题及解答(第二卷)1955—1959	2014—04	18.00	278
历届美国中学生数学竞赛试题及解答(第三卷)1960—1964	2014—06	18.00	279
历届美国中学生数学竞赛试题及解答(第四卷)1965—1969	2014—04	28.00	280
历届美国中学生数学竞赛试题及解答(第五卷)1970—1972	2014—06	18.00	281
历届美国中学生数学竞赛试题及解答(第七卷)1981—1986	2015—01	18.00	424
历届美国中学生数学竞赛试题及解答(第八卷)1987—1990	2017—05	18.00	769
历届IMO试题集(1959—2005)	2006—05	58.00	5
历届CMO试题集	2008—09	28.00	40
历届中国数学奥林匹克试题集(第2版)	2017—03	38.00	757
历届加拿大数学奥林匹克试题集	2012—08	38.00	215
历届美国数学奥林匹克试题集:多解推广加强	2012—08	38.00	209
历届美国数学奥林匹克试题集:多解推广加强(第2版)	2016—03	48.00	592
历届波兰数学竞赛试题集.第1卷,1949~1963	2015—03	18.00	453
历届波兰数学竞赛试题集.第2卷,1964~1976	2015—03	18.00	454
历届巴尔干数学奥林匹克试题集	2015—05	38.00	466
保加利亚数学奥林匹克	2014—10	38.00	393
圣彼得堡数学奥林匹克试题集	2015—01	38.00	429
匈牙利奥林匹克数学竞赛题解.第1卷	2016—05	28.00	593
匈牙利奥林匹克数学竞赛题解.第2卷	2016—05	28.00	594
超越普特南试题:大学数学竞赛中的方法与技巧	2017—04	98.00	758
历届国际大学生数学竞赛试题集(1994—2010)	2012—01	28.00	143
全国大学生数学夏令营数学竞赛试题及解答	2007—03	28.00	15
全国大学生数学竞赛辅导教程	2012—07	28.00	189
全国大学生数学竞赛复习全书	2014—04	48.00	340
历届美国大学生数学竞赛试题集	2009—03	88.00	43
前苏联大学生数学奥林匹克竞赛题解(上编)	2012—04	28.00	169
前苏联大学生数学奥林匹克竞赛题解(下编)	2012—04	38.00	170
历届美国数学邀请赛试题集	2014—01	48.00	270
全国高中数学竞赛试题及解答.第1卷	2014—07	38.00	331
大学生数学竞赛讲义	2014—09	28.00	371
普林斯顿大学数学竞赛	2016—06	38.00	669
亚太地区数学奥林匹克竞赛题	2015—07	18.00	492
日本历届(初级)广中杯数学竞赛试题及解答.第1卷(2000~2007)	2016—05	28.00	641
日本历届(初级)广中杯数学竞赛试题及解答.第2卷(2008~2015)	2016—05	38.00	642
360个数学竞赛问题	2016—08	58.00	677
奥数最佳实战题.上卷	即将出版		760
奥数最佳实战题.下卷	2017—05	58.00	761
哈尔滨市早期中学数学竞赛试题汇编	2016—07	28.00	672
全国高中数学联赛试题及解答:1981—2015	2016—08	98.00	676
高考数学临门一脚(含密押三套卷)(理科版)	2017—01	45.00	743
高考数学临门一脚(含密押三套卷)(文科版)	2017—01	45.00	744
新课标高考数学题型全归纳(文科版)	2015—05	72.00	467
新课标高考数学题型全归纳(理科版)	2015—05	82.00	468
洞穿高考数学解答题核心考点(理科版)	2015—11	49.80	550
洞穿高考数学解答题核心考点(文科版)	2015—11	46.80	551
高考数学题型全归纳:文科版.上	2016—05	53.00	663
高考数学题型全归纳:文科版.下	2016—05	53.00	664
高考数学题型全归纳:理科版.上	2016—05	58.00	665
高考数学题型全归纳:理科版.下	2016—05	58.00	666

哈尔滨工业大学出版社刘培杰数学工作室
已出版(即将出版)图书目录

书 名	出版时间	定 价	编号
王连笑教你怎样学数学:高考选择题解题策略与客观题实用训练	2014—01	48.00	262
王连笑教你怎样学数学:高考数学高层次讲座	2015—02	48.00	432
高考数学的理论与实践	2009—08	38.00	53
高考数学核心题型解题方法与技巧	2010—01	28.00	86
高考思维新平台	2014—03	38.00	259
30分钟拿下高考数学选择题、填空题(理科版)	2016—10	39.80	720
30分钟拿下高考数学选择题、填空题(文科版)	2016—10	39.80	721
高考数学压轴题解题诀窍(上)	2012—02	78.00	166
高考数学压轴题解题诀窍(下)	2012—03	28.00	167
北京市五区文科数学三年高考模拟题详解:2013~2015	2015—08	48.00	500
北京市五区理科数学三年高考模拟题详解:2013~2015	2015—09	68.00	505
向量法巧解数学高考题	2009—08	28.00	54
高考数学万能解题法(第2版)	即将出版	38.00	691
高考物理万能解题法(第2版)	即将出版	38.00	692
高考化学万能解题法(第2版)	即将出版	28.00	693
高考生物万能解题法(第2版)	即将出版	28.00	694
高考数学解题金典(第2版)	2017—01	78.00	716
高考物理解题金典(第2版)	即将出版	68.00	717
高考化学解题金典(第2版)	即将出版	58.00	718
我一定要赚分:高中物理	2016—01	38.00	580
数学高考参考	2016—01	78.00	589
2011~2015年全国及各省市高考数学文科精品试题审题要津与解法研究	2015—10	68.00	539
2011~2015年全国及各省市高考数学理科精品试题审题要津与解法研究	2015—10	88.00	540
最新全国及各省市高考数学试卷解法研究及点拨评析	2009—02	38.00	41
2011年全国及各省市高考数学审题要津与解法研究	2011—10	48.00	139
2013年全国及各省市高考数学试题解析与点评	2014—01	48.00	282
全国及各省市高考数学试题审题要津与解法研究	2015—02	48.00	450
新课标高考数学——五年试题分章详解(2007~2011)(上、下)	2011—10	78.00	140,141
全国中考数学压轴题审题要津与解法研究	2013—04	78.00	248
新编全国及各省市中考数学压轴题审题要津与解法研究	2014—05	58.00	342
全国及各省市5年中考数学压轴题审题要津与解法研究(2015版)	2015—04	58.00	462
中考数学专题总复习	2007—04	28.00	6
中考数学较难题、难题常考题型解题方法与技巧.上	2016—01	48.00	584
中考数学较难题、难题常考题型解题方法与技巧.下	2016—01	58.00	585
中考数学较难题常考题型解题方法与技巧	2016—09	48.00	681
中考数学难题常考题型解题方法与技巧	2016—09	48.00	682
中考数学选择填空压轴好题妙解365	2017—05	38.00	759
北京中考数学压轴题解题方法突破(第2版)	2017—05	48.00	753
助你高考成功的数学解题智慧:知识是智慧的基础	2016—01	58.00	596
助你高考成功的数学解题智慧:错误是智慧的试金石	2016—04	58.00	643
助你高考成功的数学解题智慧:方法是智慧的推手	2016—04	68.00	657
高考数学奇思妙解	2016—04	38.00	610
高考数学解题策略	2016—05	48.00	670
数学解题泄天机	2016—06	48.00	668
高考物理压轴题全解	2017—04	48.00	746
高中物理经典问题25讲	2017—05	28.00	764
2016年高考文科数学真题研究	2017—04	58.00	754
2016年高考理科数学真题研究	2017—04	78.00	755
初中数学、高中数学脱节知识补缺教材	2017—06	48.00	766

哈尔滨工业大学出版社刘培杰数学工作室
已出版(即将出版)图书目录

书　名	出版时间	定　价	编号
新编640个世界著名数学智力趣题	2014—01	88.00	242
500个最新世界著名数学智力趣题	2008—06	48.00	3
400个最新世界著名数学最值问题	2008—09	48.00	36
500个世界著名数学征解问题	2009—06	48.00	52
400个中国最佳初等数学征解老问题	2010—01	48.00	60
500个俄罗斯数学经典老题	2011—01	28.00	81
1000个国外中学物理好题	2012—04	48.00	174
300个日本高考数学题	2012—05	38.00	142
700个早期日本高考数学试题	2017—02	88.00	752
500个前苏联早期高考数学试题及解答	2012—05	28.00	185
546个早期俄罗斯大学生数学竞赛题	2014—03	38.00	285
548个来自美苏的数学好问题	2014—11	28.00	396
20所苏联著名大学早期入学试题	2015—02	18.00	452
161道德国工科大学生必做的微分方程习题	2015—05	28.00	469
500个德国工科大学生必做的高数习题	2015—06	28.00	478
360个数学竞赛问题	2016—08	58.00	677
德国讲义日本考题.微积分卷	2015—04	48.00	456
德国讲义日本考题.微分方程卷	2015—04	38.00	457
中国初等数学研究　2009卷(第1辑)	2009—05	20.00	45
中国初等数学研究　2010卷(第2辑)	2010—05	30.00	68
中国初等数学研究　2011卷(第3辑)	2011—07	60.00	127
中国初等数学研究　2012卷(第4辑)	2012—07	48.00	190
中国初等数学研究　2014卷(第5辑)	2014—02	48.00	288
中国初等数学研究　2015卷(第6辑)	2015—06	68.00	493
中国初等数学研究　2016卷(第7辑)	2016—04	68.00	609
中国初等数学研究　2017卷(第8辑)	2017—01	98.00	712
几何变换(Ⅰ)	2014—07	28.00	353
几何变换(Ⅱ)	2015—06	28.00	354
几何变换(Ⅲ)	2015—01	38.00	355
几何变换(Ⅳ)	2015—12	38.00	356
博弈论精粹	2008—03	58.00	30
博弈论精粹.第二版(精装)	2015—01	88.00	461
数学 我爱你	2008—01	28.00	20
精神的圣徒 别样的人生——60位中国数学家成长的历程	2008—09	48.00	39
数学史概论	2009—06	78.00	50
数学史概论(精装)	2013—03	158.00	272
数学史选讲	2016—01	48.00	544
斐波那契数列	2010—02	28.00	65
数学拼盘和斐波那契魔方	2010—07	38.00	72
斐波那契数列欣赏	2011—01	28.00	160
数学的创造	2011—02	48.00	85
数学美与创造力	2016—01	48.00	595
数海拾贝	2016—01	48.00	590
数学中的美	2011—02	38.00	84
数论中的美学	2014—12	38.00	351
数学王者 科学巨人——高斯	2015—01	28.00	428
振兴祖国数学的圆梦之旅:中国初等数学研究史话	2015—06	98.00	490
二十世纪中国数学史料研究	2015—10	48.00	536
数字谜、数阵图与棋盘覆盖	2016—01	58.00	298
时间的形状	2016—01	38.00	556
数学发现的艺术:数学探索中的合情推理	2016—07	58.00	671
活跃在数学中的参数	2016—07	48.00	675

哈尔滨工业大学出版社刘培杰数学工作室
已出版（即将出版）图书目录

哈尔滨工业大学出版社刘培杰数学工作室
已出版（即将出版）图书目录

书　名	出版时间	定　价	编号
力学在几何中的一些应用	2013—01	38.00	240
高斯散度定理、斯托克斯定理和平面格林定理——从一道国际大学生数学竞赛试题谈起	即将出版		
康托洛维奇不等式——从一道全国高中联赛试题谈起	2013—03	28.00	337
西格尔引理——从一道第18届IMO试题的解法谈起	即将出版		
罗斯定理——从一道前苏联数学竞赛试题谈起	即将出版		
拉克斯定理和阿廷定理——从一道IMO试题的解法谈起	2014—01	58.00	246
毕卡大定理——从一道美国大学数学竞赛试题谈起	2014—07	18.00	350
贝齐尔曲线——从一道全国高中联赛试题谈起	即将出版		
拉格朗日乘子定理——从一道2005年全国高中联赛试题的高等数学解法谈起	2015—05	28.00	480
雅可比定理——从一道日本数学奥林匹克试题谈起	2013—04	48.00	249
李天岩－约克定理——从一道波兰数学竞赛试题谈起	2014—06	28.00	349
整系数多项式因式分解的一般方法——从克朗耐克算法谈起	即将出版		
布劳维不动点定理——从一道前苏联数学奥林匹克试题谈起	2014—01	38.00	273
伯恩赛德定理——从一道英国数学奥林匹克试题谈起	即将出版		
布查特－莫斯特定理——从一道上海市初中竞赛试题谈起	即将出版		
数论中的同余数问题——从一道普特南竞赛试题谈起	即将出版		
范·德蒙行列式——从一道美国数学奥林匹克试题谈起	即将出版		
中国剩余定理:总数法构建中国历史年表	2015—01	28.00	430
牛顿程序与方程求根——从一道全国高考试题解法谈起	即将出版		
库默尔定理——从一道IMO预选试题谈起	即将出版		
卢丁定理——从一道冬令营试题的解法谈起	即将出版		
沃斯滕霍姆定理——从一道IMO预选试题谈起	即将出版		
卡尔松不等式——从一道莫斯科数学奥林匹克试题谈起	即将出版		
信息论中的香农熵——从一道近年高考压轴题谈起	即将出版		
约当不等式——从一道希望杯竞赛试题谈起	即将出版		
拉比诺维奇定理	即将出版		
刘维尔定理——从一道《美国数学月刊》征解问题的解法谈起	即将出版		
卡塔兰恒等式与级数求和——从一道IMO试题谈起	即将出版		
勒让德猜想与素数分布——从一道爱尔兰竞赛试题谈起	即将出版		
天平称重与信息论——从一道基辅市数学奥林匹克试题谈起	即将出版		
哈密尔顿－凯莱定理:从一道高中数学联赛试题的解法谈起	2014—09	18.00	376
艾思特曼定理——从一道CMO试题的解法谈起	即将出版		
一个爱尔特希问题——从一道西德数学奥林匹克试题谈起	即将出版		
有限群中的爱丁格尔问题——从一道北京市初中二年级数学竞赛试题谈起	即将出版		
贝克码与编码理论——从一道全国高中联赛试题谈起	即将出版		
帕斯卡三角形	2014—03	18.00	294
蒲丰投针问题——从2009年清华大学的一道自主招生试题谈起	2014—01	38.00	295
斯图姆定理——从一道"华约"自主招生试题的解法谈起	2014—01	18.00	296
许瓦兹引理——从一道加利福尼亚大学伯克利分校数学系博士生试题谈起	2014—08	18.00	297
拉姆塞定理——从王诗宬院士的一个问题谈起	2016—04	48.00	299
坐标法	2013—12	28.00	332
数论三角形	2014—04	38.00	341
毕克定理	2014—07	18.00	352
数林掠影	2014—09	48.00	389
我们周围的概率	2014—10	38.00	390
凸函数最值定理:从一道华约自主招生题的解法谈起	2014—10	28.00	391
易学与数学奥林匹克	2014—10	38.00	392

哈尔滨工业大学出版社刘培杰数学工作室
已出版(即将出版)图书目录

书　　名	出版时间	定　价	编号
生物数学趣谈	2015　01	18.00	409
反演	2015—01	28.00	420
因式分解与圆锥曲线	2015—01	18.00	426
轨迹	2015—01	28.00	427
面积原理:从常庚哲命的一道CMO试题的积分解法谈起	2015—01	48.00	431
形形色色的不动点定理:从一道28届IMO试题谈起	2015—01	38.00	439
柯西函数方程:从一道上海交大自主招生的试题谈起	2015—02	28.00	440
三角恒等式	2015—02	28.00	442
无理性判定:从一道2014年"北约"自主招生试题谈起	2015—01	38.00	443
数学归纳法	2015—03	18.00	451
极端原理与解题	2015—04	28.00	464
法雷级数	2014—08	18.00	367
摆线族	2015—01	38.00	438
函数方程及其解法	2015—05	38.00	470
含参数的方程和不等式	2012—09	28.00	213
希尔伯特第十问题	2016—01	38.00	543
无穷小量的求和	2016—01	28.00	545
切比雪夫多项式:从一道清华大学金秋营试题谈起	2016—01	38.00	583
泽肯多夫定理	2016—03	38.00	599
代数等式证题法	2016—01	28.00	600
三角等式证题法	2016—01	28.00	601
吴大任教授藏书中的一个因式分解公式:从一道美国数学邀请赛试题的解法谈起	2016—06	28.00	656
中等数学英语阅读文选	2006—12	38.00	13
统计学专业英语	2007—03	28.00	16
统计学专业英语(第二版)	2012—07	48.00	176
统计学专业英语(第三版)	2015—04	68.00	465
幻方和魔方(第一卷)	2012—05	68.00	173
尘封的经典——初等数学经典文献选读(第一卷)	2012—07	48.00	205
尘封的经典——初等数学经典文献选读(第二卷)	2012—07	38.00	206
代换分析:英文	2015—07	38.00	499
实变函数论	2012—06	78.00	181
复变函数论	2015—08	38.00	504
非光滑优化及其变分分析	2014—01	48.00	230
疏散的马尔科夫链	2014—01	58.00	266
马尔科夫过程论基础	2015—01	28.00	433
初等微分拓扑学	2012—07	18.00	182
方程式论	2011—03	38.00	105
初级方程式论	2011—03	28.00	106
Galois理论	2011—03	18.00	107
古典数学难题与伽罗瓦理论	2012—11	58.00	223
伽罗华与群论	2014—01	28.00	290
代数方程的根式解及伽罗瓦理论	2011—03	28.00	108
代数方程的根式解及伽罗瓦理论(第二版)	2015—01	28.00	423
线性偏微分方程讲义	2011—03	18.00	110
几类微分方程数值方法的研究	2015—05	38.00	485
N体问题的周期解	2011—03	28.00	111
代数方程式论	2011　05	18.00	121
线性代数与几何:英文	2016—06	58.00	578
动力系统的不变量与函数方程	2011—07	48.00	137
基于短语评价的翻译知识获取	2012—02	48.00	168
应用随机过程	2012—04	48.00	187
概率论导引	2012—04	18.00	179

哈尔滨工业大学出版社刘培杰数学工作室
已出版（即将出版）图书目录

书　名	出版时间	定　价	编号
矩阵论(上)	2013—06	58.00	250
矩阵论(下)	2013—06	48.00	251
对称锥互补问题的内点法:理论分析与算法实现	2014—08	68.00	368
抽象代数:方法导引	2013—06	38.00	257
集论	2016—01	48.00	576
多项式理论研究综述	2016—01	38.00	577
函数论	2014—11	78.00	395
反问题的计算方法及应用	2011—11	28.00	147
初等数学研究(Ⅰ)	2008—09	68.00	37
初等数学研究(Ⅱ)(上、下)	2009—05	118.00	46,47
数阵及其应用	2012—02	28.00	164
绝对值方程—折边与组合图形的解析研究	2012—07	48.00	186
代数函数论(上)	2015—07	38.00	494
代数函数论(下)	2015—07	38.00	495
偏微分方程论:法文	2015—10	48.00	533
时标动力学方程的指数型二分性与周期解	2016—04	48.00	606
重刚体绕不动点运动方程的积分法	2016—05	68.00	608
水轮机水力稳定性	2016—05	48.00	620
Lévy噪音驱动的传染病模型的动力学行为	2016—05	48.00	667
铣加工动力学系统稳定性研究的数学方法	2016—11	28.00	710
趣味初等方程妙题集锦	2014—09	48.00	388
趣味初等数论选美与欣赏	2015—02	48.00	445
耕读笔记(上卷):一位农民数学爱好者的初数探索	2015—04	28.00	459
耕读笔记(中卷):一位农民数学爱好者的初数探索	2015—05	28.00	483
耕读笔记(下卷):一位农民数学爱好者的初数探索	2015—05	28.00	484
几何不等式研究与欣赏.上卷	2016—01	88.00	547
几何不等式研究与欣赏.下卷	2016—01	48.00	552
初等数列研究与欣赏·上	2016—01	48.00	570
初等数列研究与欣赏·下	2016—01	48.00	571
趣味初等函数研究与欣赏.上	2016—09	48.00	684
趣味初等函数研究与欣赏.下	即将出版		685
火柴游戏	2016—05	38.00	612
异曲同工	即将出版		613
智力解谜	即将出版		614
故事智力	2016—07	48.00	615
名人们喜欢的智力问题	即将出版		616
数学大师的发现、创造与失误	即将出版		617
数学的味道	即将出版		618
数贝偶拾——高考数学题研究	2014—04	28.00	274
数贝偶拾——初等数学研究	2014—04	38.00	275
数贝偶拾——奥数题研究	2014—04	48.00	276
集合、函数与方程	2014—01	28.00	300
数列与不等式	2014—01	38.00	301
三角与平面向量	2014—01	28.00	302
平面解析几何	2014—01	38.00	303
立体几何与组合	2014—01	28.00	304
极限与导数、数学归纳法	2014—01	38.00	305
趣味数学	2014—03	28.00	306
教材教法	2014—04	68.00	307
自主招生	2014—05	58.00	308
高考压轴题(上)	2015—01	48.00	309
高考压轴题(下)	2014—10	68.00	310

哈尔滨工业大学出版社刘培杰数学工作室
已出版（即将出版）图书目录

书　名	出版时间	定　价	编号
从费马到怀尔斯——费马大定理的历史	2013—10	198.00	I
从庞加莱到佩雷尔曼——庞加莱猜想的历史	2013—10	298.00	II
从切比雪夫到爱尔特希（上）——素数定理的初等证明	2013—07	48.00	III
从切比雪夫到爱尔特希（下）——素数定理100年	2012—12	98.00	III
从高斯到盖尔方特——二次域的高斯猜想	2013—10	198.00	IV
从库默尔到朗兰兹——朗兰兹猜想的历史	2014—01	98.00	V
从比勒巴赫到德布朗斯——比勒巴赫猜想的历史	2014—02	298.00	VI
从麦比乌斯到陈省身——麦比乌斯变换与麦比乌斯带	2014—02	298.00	VII
从布尔到豪斯道夫——布尔方程与格论漫谈	2013—10	198.00	VIII
从开普勒到阿诺德——三体问题的历史	2014—05	298.00	IX
从华林到华罗庚——华林问题的历史	2013—10	298.00	X
吴振奎高等数学解题真经（概率统计卷）	2012—01	38.00	149
吴振奎高等数学解题真经（微积分卷）	2012—01	68.00	150
吴振奎高等数学解题真经（线性代数卷）	2012—01	58.00	151
钱昌本教你快乐学数学（上）	2011—12	48.00	155
钱昌本教你快乐学数学（下）	2012—03	58.00	171
高等数学解题全攻略（上卷）	2013—06	58.00	252
高等数学解题全攻略（下卷）	2013—06	58.00	253
高等数学复习纲要	2014—01	18.00	384
三角函数	2014—01	38.00	311
不等式	2014—01	38.00	312
数列	2014—01	38.00	313
方程	2014—01	28.00	314
排列和组合	2014—01	28.00	315
极限与导数	2014—01	28.00	316
向量	2014—09	38.00	317
复数及其应用	2014—08	28.00	318
函数	2014—01	38.00	319
集合	即将出版		320
直线与平面	2014—01	28.00	321
立体几何	2014—04	28.00	322
解三角形	即将出版		323
直线与圆	2014—01	28.00	324
圆锥曲线	2014—01	38.00	325
解题通法（一）	2014—07	38.00	326
解题通法（二）	2014—07	38.00	327
解题通法（三）	2014—05	38.00	328
概率与统计	2014—01	28.00	329
信息迁移与算法	即将出版		330
方程（第2版）	2017—04	38.00	624
三角函数（第2版）	2017—04	38.00	626
向量（第2版）	即将出版		627
立体几何（第2版）	2016—04	38.00	629
直线与圆（第2版）	2016—11	38.00	631
圆锥曲线（第2版）	2016—09	48.00	632
极限与导数（第2版）	2016—04	38.00	635

哈尔滨工业大学出版社刘培杰数学工作室
已出版(即将出版)图书目录

书 名	出版时间	定 价	编号
美国高中数学竞赛五十讲.第1卷(英文)	2014-08	28.00	357
美国高中数学竞赛五十讲.第2卷(英文)	2014-08	28.00	358
美国高中数学竞赛五十讲.第3卷(英文)	2014-09	28.00	359
美国高中数学竞赛五十讲.第4卷(英文)	2014-09	28.00	360
美国高中数学竞赛五十讲.第5卷(英文)	2014-10	28.00	361
美国高中数学竞赛五十讲.第6卷(英文)	2014-11	28.00	362
美国高中数学竞赛五十讲.第7卷(英文)	2014-12	28.00	363
美国高中数学竞赛五十讲.第8卷(英文)	2015-01	28.00	364
美国高中数学竞赛五十讲.第9卷(英文)	2015-01	28.00	365
美国高中数学竞赛五十讲.第10卷(英文)	2015-02	38.00	366
IMO 50年.第1卷(1959-1963)	2014-11	28.00	377
IMO 50年.第2卷(1964-1968)	2014-11	28.00	378
IMO 50年.第3卷(1969-1973)	2014-09	28.00	379
IMO 50年.第4卷(1974-1978)	2016-04	38.00	380
IMO 50年.第5卷(1979-1984)	2015-04	38.00	381
IMO 50年.第6卷(1985-1989)	2015-04	58.00	382
IMO 50年.第7卷(1990-1994)	2016-01	48.00	383
IMO 50年.第8卷(1995-1999)	2016-06	38.00	384
IMO 50年.第9卷(2000-2004)	2015-04	58.00	385
IMO 50年.第10卷(2005-2009)	2016-01	48.00	386
IMO 50年.第11卷(2010-2015)	2017-03	48.00	646
历届美国大学生数学竞赛试题集.第一卷(1938-1949)	2015-01	28.00	397
历届美国大学生数学竞赛试题集.第二卷(1950-1959)	2015-01	28.00	398
历届美国大学生数学竞赛试题集.第三卷(1960-1969)	2015-01	28.00	399
历届美国大学生数学竞赛试题集.第四卷(1970-1979)	2015-01	18.00	400
历届美国大学生数学竞赛试题集.第五卷(1980-1989)	2015-01	28.00	401
历届美国大学生数学竞赛试题集.第六卷(1990-1999)	2015-01	28.00	402
历届美国大学生数学竞赛试题集.第七卷(2000-2009)	2015-08	18.00	403
历届美国大学生数学竞赛试题集.第八卷(2010-2012)	2015-01	18.00	404
新课标高考数学创新题解题诀窍:总论	2014-09	28.00	372
新课标高考数学创新题解题诀窍:必修1~5分册	2014-08	38.00	373
新课标高考数学创新题解题诀窍:选修2-1,2-2,1-1,1-2分册	2014-09	38.00	374
新课标高考数学创新题解题诀窍:选修2-3,4-4,4-5分册	2014-09	18.00	375
全国重点大学自主招生英文数学试题全攻略:词汇卷	2015-07	48.00	410
全国重点大学自主招生英文数学试题全攻略:概念卷	2015-01	28.00	411
全国重点大学自主招生英文数学试题全攻略:文章选读卷(上)	2016-09	38.00	412
全国重点大学自主招生英文数学试题全攻略:文章选读卷(下)	2017-01	58.00	413
全国重点大学自主招生英文数学试题全攻略:试题卷	2015-07	38.00	414
全国重点大学自主招生英文数学试题全攻略:名著欣赏卷	2017-03	48.00	415
数学物理大百科全书.第1卷	2016-01	418.00	508
数学物理大百科全书.第2卷	2016-01	408.00	509
数学物理大百科全书.第3卷	2016-01	396.00	510
数学物理大百科全书.第4卷	2016-01	408.00	511
数学物理大百科全书.第5卷	2016-01	368.00	512

哈尔滨工业大学出版社刘培杰数学工作室
已出版（即将出版）图书目录

书　名	出版时间	定　价	编号
劳埃德数学趣题大全.题目卷.1:英文	2016—01	18.00	516
劳埃德数学趣题大全.题目卷.2:英文	2016—01	18.00	517
劳埃德数学趣题大全.题目卷.3:英文	2016—01	18.00	518
劳埃德数学趣题大全.题目卷.4:英文	2016—01	18.00	519
劳埃德数学趣题大全.题目卷.5:英文	2016—01	18.00	520
劳埃德数学趣题大全.答案卷:英文	2016—01	18.00	521
李成章教练奥数笔记.第1卷	2016—01	48.00	522
李成章教练奥数笔记.第2卷	2016—01	48.00	523
李成章教练奥数笔记.第3卷	2016—01	38.00	524
李成章教练奥数笔记.第4卷	2016—01	38.00	525
李成章教练奥数笔记.第5卷	2016—01	38.00	526
李成章教练奥数笔记.第6卷	2016—01	38.00	527
李成章教练奥数笔记.第7卷	2016—01	38.00	528
李成章教练奥数笔记.第8卷	2016—01	48.00	529
李成章教练奥数笔记.第9卷	2016—01	28.00	530
朱德祥代数与几何讲义.第1卷	2017—01	38.00	697
朱德祥代数与几何讲义.第2卷	2017—01	28.00	698
朱德祥代数与几何讲义.第3卷	2017—01	28.00	699
zeta 函数,q-zeta 函数,相伴级数与积分	2015—08	88.00	513
微分形式:理论与练习	2015—08	58.00	514
离散与微分包含的逼近和优化	2015—08	58.00	515
艾伦·图灵:他的工作与影响	2016—01	98.00	560
测度理论概率导论,第2版	2016—01	88.00	561
带有潜在故障恢复系统的半马尔柯夫模型控制	2016—01	98.00	562
数学分析原理	2016—01	88.00	563
随机偏微分方程的有效动力学	2016—01	88.00	564
图的谱半径	2016—01	58.00	565
量子机器学习中数据挖掘的量子计算方法	2016—01	98.00	566
量子物理的非常规方法	2016—01	118.00	567
运输过程的统一非局部理论:广义波尔兹曼物理动力学,第2版	2016—01	198.00	568
量子力学与经典力学之间的联系在原子、分子及电动力学系统建模中的应用	2016—01	58.00	569
第19～23届"希望杯"全国数学邀请赛试题审题要津详细评注(初一版)	2014—03	28.00	333
第19～23届"希望杯"全国数学邀请赛试题审题要津详细评注(初二、初三版)	2014—03	38.00	334
第19～23届"希望杯"全国数学邀请赛试题审题要津详细评注(高一版)	2014—03	28.00	335
第19～23届"希望杯"全国数学邀请赛试题审题要津详细评注(高二版)	2014—03	38.00	336
第19～25届"希望杯"全国数学邀请赛试题审题要津详细评注(初一版)	2015—01	38.00	416
第19～25届"希望杯"全国数学邀请赛试题审题要津详细评注(初二、初三版)	2015—01	58.00	417
第19～25届"希望杯"全国数学邀请赛试题审题要津详细评注(高一版)	2015 01	48.00	418
第19～25届"希望杯"全国数学邀请赛试题审题要津详细评注(高二版)	2015—01	48.00	419
闵嗣鹤文集	2011—03	98.00	102
吴从炘数学活动三十年(1951～1980)	2010—07	99.00	32
吴从炘数学活动又三十年(1981～2010)	2015—07	98.00	491

哈尔滨工业大学出版社刘培杰数学工作室
已出版(即将出版)图书目录

书　名	出版时间	定　价	编号
物理奥林匹克竞赛大题典——力学卷	2014—11	48.00	405
物理奥林匹克竞赛大题典——热学卷	2014—04	28.00	339
物理奥林匹克竞赛大题典——电磁学卷	2015—07	48.00	406
物理奥林匹克竞赛大题典——光学与近代物理卷	2014—06	28.00	345
历届中国东南地区数学奥林匹克试题集(2004~2012)	2014—06	18.00	346
历届中国西部地区数学奥林匹克试题集(2001~2012)	2014—07	18.00	347
历届中国女子数学奥林匹克试题集(2002~2012)	2014—08	18.00	348
数学奥林匹克在中国	2014—06	98.00	344
数学奥林匹克问题集	2014—01	38.00	267
数学奥林匹克不等式散论	2010—06	38.00	124
数学奥林匹克不等式欣赏	2011—09	38.00	138
数学奥林匹克超级题库(初中卷上)	2010—01	58.00	66
数学奥林匹克不等式证明方法和技巧(上、下)	2011—08	158.00	134,135
他们学什么:原民主德国中学数学课本	2016—09	38.00	658
他们学什么:英国中学数学课本	2016—09	38.00	659
他们学什么:法国中学数学课本.1	2016—09	38.00	660
他们学什么:法国中学数学课本.2	2016—09	28.00	661
他们学什么:法国中学数学课本.3	2016—09	38.00	662
他们学什么:苏联中学数学课本	2016—09	28.00	679
高中数学题典——集合与简易逻·函数	2016—07	48.00	647
高中数学题典——导数	2016—07	48.00	648
高中数学题典——三角函数·平面向量	2016—07	48.00	649
高中数学题典——数列	2016—07	58.00	650
高中数学题典——不等式·推理与证明	2016—07	38.00	651
高中数学题典——立体几何	2016—07	48.00	652
高中数学题典——平面解析几何	2016—07	78.00	653
高中数学题典——计数原理·统计·概率·复数	2016—07	48.00	654
高中数学题典——算法·平面几何·初等数论·组合数学·其他	2016—07	68.00	655
台湾地区奥林匹克数学竞赛试题.小学一年级	2017—03	38.00	722
台湾地区奥林匹克数学竞赛试题.小学二年级	2017—03	38.00	723
台湾地区奥林匹克数学竞赛试题.小学三年级	2017—03	38.00	724
台湾地区奥林匹克数学竞赛试题.小学四年级	2017—03	38.00	725
台湾地区奥林匹克数学竞赛试题.小学五年级	2017—03	38.00	726
台湾地区奥林匹克数学竞赛试题.小学六年级	2017—03	38.00	727
台湾地区奥林匹克数学竞赛试题.初中一年级	2017—03	38.00	728
台湾地区奥林匹克数学竞赛试题.初中二年级	2017—03	38.00	729
台湾地区奥林匹克数学竞赛试题.初中三年级	2017—03	28.00	730
不等式证题法	2017—04	28.00	747
平面几何培优教程	即将出版		748
奥数鼎级培优教程.高一分册	即将出版		749
奥数鼎级培优教程.高二分册	即将出版		750
高中数学竞赛冲刺宝典	即将出版		751

哈尔滨工业大学出版社刘培杰数学工作室
已出版(即将出版)图书目录

书　名	出版时间	定　价	编号
斯米尔诺夫高等数学.第一卷	2017—02	88.00	770
斯米尔诺大高等数学.第二卷.第一分册	即将出版		771
斯米尔诺夫高等数学.第二卷.第二分册	即将出版		772
斯米尔诺夫高等数学.第二卷.第三分册	即将出版		773
斯米尔诺夫高等数学.第三卷.第一分册	即将出版		774
斯米尔诺夫高等数学.第三卷.第二分册	即将出版		775
斯米尔诺夫高等数学.第三卷.第三分册	即将出版		776
斯米尔诺夫高等数学.第四卷.第一分册	2017—02	48.00	777
斯米尔诺夫高等数学.第四卷.第二分册	即将出版		778
斯米尔诺夫高等数学.第五卷.第一分册	即将出版		779
斯米尔诺夫高等数学.第五卷.第二分册	即将出版		780

联系地址:哈尔滨市南岗区复华四道街 10 号　哈尔滨工业大学出版社刘培杰数学工作室
网　　　址:http://lpj.hit.edu.cn/
邮　　　编:150006
联系电话:0451—86281378　　　13904613167
E-mail:lpj1378@163.com